『简』述中国

朱建军◎总主编

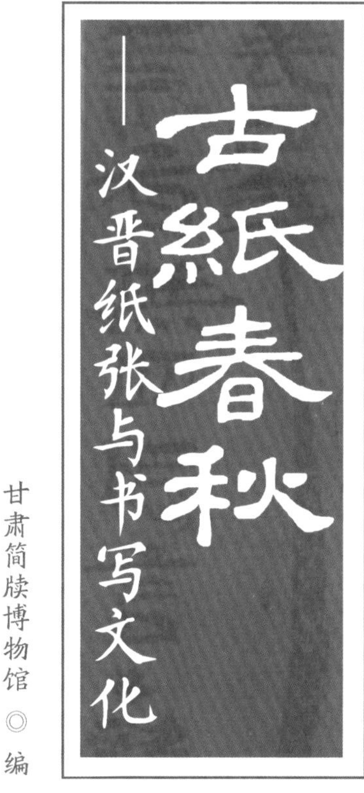

甘肃简牍博物馆◎编

徐睿 常燕娜◎著

西南交通大学出版社
·成都·

图书在版编目（CIP）数据

古纸春秋：汉晋纸张与书写文化 / 甘肃简牍博物馆编；朱建军总主编；徐睿，常燕娜著. -- 成都：西南交通大学出版社，2024.6. --（“简”述中国）.

ISBN 978-7-5643-9902-3

Ⅰ. TS766

中国国家版本馆 CIP 数据核字第 20245PB580 号

“简”述中国　　朱建军　总主编

Guzhi Chunqiu——Han-Jin Zhizhang yu Shuxie Wenhua

古纸春秋——汉晋纸张与书写文化

甘肃简牍博物馆　**编**

徐　睿　常燕娜　**著**

策划编辑	阳　晓　黄庆斌　李　欣
责任编辑	李　欣
封面设计	曹天擎
出版发行	西南交通大学出版社 （四川省成都市金牛区二环路北一段 111 号 西南交通大学创新大厦 21 楼）
邮政编码	610031
营销部电话	028-87600564　028-87600533
网　址	http://www.xnjdcbs.com
印　刷	四川玖艺呈现印刷有限公司
成品尺寸	165 mm × 230 mm
印　张	11.25
字　数	190 千
版　次	2024 年 6 月第 1 版
印　次	2024 年 6 月第 1 次
定　价	68.00 元
书　号	ISBN 978 7 5643-9902-3

总　序

“简”述中国

简牍是纸张发明前中国古人最重要的文字书写载体。中国古人将竹木削成薄片，研墨笔书，如《尚书·多士》载“惟殷先人，有册有典”，可见早在商朝时期，古人除了以甲骨契刻文字，还将竹木简牍编联成册，记载国家政令典章。《墨子·兼爱》载“书于竹帛，镂于金石，琢于盘盂，传遗后世子孙者知之”，说的就是古人通过书写竹木简牍，刻琢金石盘盂，把他们那个时代的思想文化保存下来，留传后世。

在中国古代先后有两次比较重要的简牍发现，一是西汉时的孔壁中书，二是西晋时的汲冢竹书，人们将其称为“孔壁汲冢”。这两次出土以先秦时的典籍为主，这些古文典籍的发现对中国古代学术史产生过重大影响。据不完全统计，自20世纪初迄今，在百余年的时间里全国各地历年历次出土的简牍约30万枚，包括楚简、秦简、汉简、三国吴简、晋简等，其时代涵盖了先秦战国至汉晋。简牍记载的内容从大的方面而言，主要包括文书和典籍两大类。文书类包括各种体裁和形制的官私文书，属于实用文体；典籍类则包括各种思想文化的作品，属于艺文典籍。这一时期是中国古代思想文化、政治制度形成时期，同时也是社会经济、民族交融等发展的重要时期，因这些政令文书和艺文典籍文献主要记载于竹木简牍之上，故我们称这一时期为“简牍时代”。

甘肃是近世以来最早发现汉简的地区，自1907年英籍匈牙利人探险家斯坦因（A.Stein）第二次中亚探险期间在敦煌汉长城烽燧遗址掘获700多枚汉简（不包括2000多件残片）以来，至1990—1992年敦煌悬泉汉简的发现，历年历次在汉代敦煌、张掖和酒泉郡的长城烽燧遗址和悬泉置遗址出土了数万枚简牍，这其中汉简占绝大部分。甘肃简牍博物馆收藏有近4万枚秦汉魏晋简牍，本丛书中统称为“甘肃简牍”或“甘肃汉简”。

与南方墓葬出土的以先秦典籍为主的简牍不同，甘肃汉简内容丰富，以日常书写的方式，多角度体现了汉塞边关吏卒们的政令文书、屯戍生活、书信往来、天文历法、农事生产、交通保障等。这些不曾为史书记载的历史细节，真实地重现了汉代河西边塞的社会生活和民风民俗，丰富了古丝绸之路的物质文化和精神文化。

甘肃简牍博物馆是以简牍为主要藏品的专题博物馆，这要求馆里的每一位员工都要熟悉馆藏的近4万枚简牍，以便更好从事各自岗位上的工作。讲好简牍故事，让文物活起来，是我们义不容辞的责任和使命。数万枚甘肃简牍是不可多得的出土文献，它们的历史价值和文献价值自不待言，在学者们整理研究的基础上讲述简牍故事，弘扬简牍文化，是甘肃简牍博物馆在新时期的重要课题，也是甘肃简牍博物馆所应承担的使命和工作。讲好简牍故事，传播中国声音，“‘简’述中国”丛书就是我们的一个尝试和努力。

甘肃简牍博物馆　朱建军

前　言

纸张是中国古代四大发明之一，纸张作为书写载体的出现，无疑是对人类文明进程的一次重大推动。自20世纪以来，考古学家们在陕西、甘肃等地区汉代遗址中发现了大量的纸张遗存，这些珍贵的实物为研究古纸提供了不可多得的资料，直接带动了古纸的相关研究工作。

1986年天水放马滩五号汉墓出土了纸本地图，引起了学术界的广泛关注，这张地图不仅反映了汉代古纸的制作水平，更刷新了传统观点上认为的纸张产生时间。灞桥纸、居延纸、天水放马滩纸本地图、敦煌悬泉置古纸等古纸的发现挑战了蔡伦造纸的传统观点，通过对这些古纸的研究，证实了蔡伦是纸张的改良者而不是发明者。这一重要研究成果，说明了纸张早在西汉时期就已经出现，比传世文献记载的蔡伦造纸的时间还早约100年。

特别是1990—1992年在敦煌悬泉置出土的500余件麻纸，是研究早期古纸制造工艺及技术改良极为珍贵的材料。在本书第二章，依据前人以及本馆所做的一些科学检测和分析，对古纸的原料、造纸工艺、用途等做了相应论述。在掌握第一手出土实物的基础上，通过科技手段进行分析，对这些古纸的造纸工艺、科学技术进行科学验证，深入挖掘这些古纸的珍贵价值。

干燥的西北气候条件有利于有机材料的保存，使得这些古纸保存至今，这为古纸保护提供了宝贵的自然实验案例，有助于发展新的保护和修复技术。本书第三章列举了古纸易产生的病害类型，分析古纸产生病害的主要原因，从而探究古纸的保护修复技术路线以及现代科技在古纸保护中的应用，对今后的古籍保护工作有一定的参考价值。

在纸张产生之前，简牍、金石、丝帛等也是文字载体重要的组成部分。“‘简’述中国”系列丛书中对甘肃简牍博物馆馆藏汉代简牍做了大量的阐释工作，在本书第四章中则不再对简牍做相应论述，而是以古纸为核心，对与纸张的产生有密切关系的帛书进行介绍，从中探寻帛书与纸张同为书写载体之间的联系。

纸是古代文房四宝之一，本书第五章通过纸张这一书写载体来论及古代的书写文化，对秦汉时期的笔、砚、墨、书刀，特别是甘肃简牍博物馆馆藏汉代毛笔、砚台进行展示和分析，从秦汉早期的书写工具、载体，复原古人书写的方式和姿式等，将古代书写文化活现出来。

1949 年以来，关于古纸的研究一直为学界相关专家重视，潘吉星、许鸣岐、王菊华、李晓岑等专家学者从不同的角度对西北古纸进行了深入的研究，他们的研究成果至今仍是纸张研究的重要著作。甘肃简牍博物馆作为早期古纸的收藏单位之一，也正在培养一批年轻力量对馆藏汉晋古纸继续深入研究，希望在前人的基础上有所成就。

《古纸春秋——汉晋纸张与书写文化》不仅是一部关于汉晋纸张的研究著作，更是一座文化传承的桥梁。通过本书，我们希望激发读者对古纸研究的兴趣，感受中华文化的博大精深，了解纸张这一伟大发明所带来的深远影响，鼓励更多的人参与到文化遗产的保护与研究中来。

朱建军
2024 年 7 月

目 录

第一章

书写的历史

书写的历史可以追溯到人类文明发展的早期阶段，经历了从简单的符号演变为复杂文字体系的过程。这种传播思想的方式代代相传，用来指引表达自我，并跨越岁月的鸿沟交流思想。在人类历史上的每一个阶段，书写在社会生活中都扮演了重要的角色。

人类历史上几个重要的古文明都独立地创造出了自己的文字。就目前所知，最早发明和使用文字的是居住在两河流域美索不达米亚平原上的苏美尔人。苏美尔人用削成三角形尖头的芦苇秆、棒骨或木棒当笔，在潮湿黏土制作的泥板上写字，字形自然形成楔形，这种文字被称为楔形文字。此后，古埃及人发明了自己的象形文字。象形文字记载了古埃及的历史，是埃及丰富的宗教、文学和科学遗产的承载体。书写也是汉字文化的重要组成部分，它将汉字的表意功能和造型艺术融为一体，具有悠久的历史和广泛的群众基础。大约在距今3500年的时候，中国文明已经在使用自己比较成熟的文字，其典型代表就是在安阳殷墟发现的甲骨文，这些甲骨文是研究中国商代历史和社会生活的重要材料。此后1000多年里，中国先民还在青铜器物上铸刻大量文字，这些文字被称为金文。[①]中国的文字，是世界上至今通行的最古老的文字，世界上还没有任何一种文字像汉字这样经久不衰。从甲骨文起，中国文字的发展经过了甲骨文、金文、大篆、小篆、隶书、草书、行书等字体演变。

文字产生之后，必然随之产生文字的书写材料和书写工具。书写材料，即龟甲、兽骨、钟鼎、竹简、木牍、缣帛、玉器、石器、纸张等文字的承载物；书写工具，即契刀、刻刀和毛笔等。早期人类获得知识最

---

① 湖北省博物馆编：《书写历史——战国秦汉简牍》，北京：文物出版社，2007年9月第1版，第12页。

主要的途径是记忆，靠口耳相传了解历史。从结绳到刻木，再到文字，有了文字符号才有了阅读的可能性，文字的发明拓宽了知识的传播方式。文字的载体也经历了甲骨、器物、简牍、帛布、纸张、电子存储等介质演变。文字数千年的演变过程，体现了社会的发展和科技的进步，是人类文明发展史的一个缩影。

书写不仅是一种技术行为，也是文化和认知能力的体现，它具有促进人类思想、情感和信息交流的功能。总的来说，书写的发展是人类文明进步的重要标志之一，它伴随着人类社会的变迁和技术的进步，不断演变和完善。

第一节　中国古代文字载体概述

纸张最初的用途主要是作为记事材料和包装材料，但早在3000多年前，我国已经有了记录文字的载体。在纸张出现之前，我们的祖先就已经通过堆石、结绳、刻陶器、刻甲骨、契竹木、书绢帛等方式记事，因此陶器、甲骨、青铜器、石头、竹木、绢帛等都是古代文字的书写载体。《墨子·兼爱》中有“书于竹帛，镂于金石，琢于盘盂，传遗后世子孙者知之”的记载，此外，大量的考古发掘也为我们呈现了形式多样的书写载体。

一、结　绳

结绳记事是文字产生之前人类创设的一种记事方法，用来帮助记忆、交流思想，至少可以追溯到新石器时代早期。这种记录可以是简单地在一个绳子上打结，也可以是一些复杂的彩色符号绳结，连接一排一排依次排列的绳子。中国古代文献中有许多关于结绳记事的记载，《周易·系辞下》记载：“上古结绳而治，后世圣人易之以书契，百官以治，万民以察。”许慎在《说文解字·序》中对古代结绳记事也有记叙：“于是始作《易》八卦以垂宪象。及神农氏结绳为治而统其事，庶业其繁，饰伪萌生……”汉代郑玄注：“结绳为约，事大，大结其绳；事小，小结其绳。”也就是说在文字产生之前，先民靠结绳记事、认事。至20世纪中期，我国西藏、海南、云南的部分少数民族还在使用这种方法记事。通过古代文献的记载可知，它存在于远古时期，也曾保留于近现代一些少数民族的原始部落中，是一种原始部落化的信息记载和传播方式。

二、陶　器

目前考古发现已经找到了新石器时代早期的文化遗址——仰韶文化。在挖掘工作中，考古工作者发现这一时期的陶器上有时会出现一两个符号。到了新石器时代晚期，陶器上出现了更多样式的花纹和符号，比如龙山文化遗址中出现了很多破碎的陶片，在这些陶片上就有符号。这些符号一般有书写、刻画、拓印三种形式，始见于新石器时代，盛行于战国。大汶口文化出土了距今5000多年的陶片。陶片上有刻画的山峰、太阳、月亮、斧头、田地、树木等图案，这应该是原始人留下的早期象形文字。陶器符号刻画简单、方便携带，与容器共存。相比洞穴壁画，陶器符号在推动文字的发展和传播方面展现出更大的优势和更广泛的普及性。可以说陶器是文字诞生的真正载体，出土的陶器符号便是证明。陶文和金文、甲骨文一样，是研究我国古文字的重要资料，但也存在易碎、不宜久存的缺陷。

经过几千年的发展，随着社会结构不断完善，人类生产力也不断进步，先民们走过了新石器时代，向着更加文明的社会前进。随着原始社会的解体，人们开始逐渐进入有确切年代可考的奴隶制社会时期。而文字经过长时间的发展，已经成熟稳固，成为系统性符号。文字也不是只刻画在日常生活中常见的陶器上了，文字载体变得更加规范与正式。

三、甲　骨

中国在新石器时代晚期就已出土占卜用的甲或骨，至商代甲骨盛行，到周初仍有甲骨。商周时期的甲骨上还契刻有占卜的文字——甲骨文。甲骨文是目前所知我国最古老而较为成熟的文字。19世纪末至20世纪以来，考古学家在河南安阳发掘殷墟遗址时，发现不少用刀刻在龟甲和牛肩胛骨上的文字，距今已3000多年，称之为甲骨文。每片甲骨一般能容50多字，个别可达百字。殷墟出土的甲骨已有15万片左右，这些甲骨上记载的内容极为丰富，涉及商代时期社会生活的各个方面，主要记录了当时的政治、军事、文化、社会习俗等内容，此外还包括天文、历法、医药等科学技术方面的内容。甲骨文的出土，将汉字乃至世界承认的中华文明提前至距今3000年左右的商代。甲骨文，顾名思义，就是刻画在龟甲和牛骨上面的文字，是中国的一种古老符号，又称“契文”“甲骨卜辞”“殷墟文字”或“龟甲兽骨文”。殷商时期的统治者信奉鬼神，行事前要通过巫史向鬼神问卜吉凶，而甲骨文多为占卜后的卜辞。将有卜辞的龟甲用绳穿起来作为档案保存，即称为册。《尚书·周书·多士》里有记载：“惟殷先人，有典有册”，典字在甲骨文中为双手捧册之形。

甲骨文不仅是研究我国文字源流最早且有系统的资料，同时也是研究甲骨文书法重要的财富。甲骨文是中国发现最早的文献记录，如今甲骨学已成为一门世界性学科，它对历史学、文字学、考古学等方面都具有极其重要的意义。

四、青铜器

中国在夏代就已进入青铜时代，铜的冶炼和铜器的制造技术十分发达。青铜器是铜、锡、铅合金铸成的器皿，一直沿用到西汉，而以周代最为精美。商周青铜器种类很多，有礼器、乐器、兵器、食器及其他日用器物，都是王室贵族的专用器。自商代至汉代都盛行在金属器物上刻铸文字，特别是西周最为盛行。周朝把铜也叫金，所以铜器上的铭文就叫作“金文”或“吉金文字”；又因为这类铜器以钟鼎上的字数最多，所以又叫作“钟鼎文”。金文比甲骨文在形体上又进了一步。秦统一以后，金文逐渐衰败，但金属器仍作为文字的载体使用。在度量衡器等涉及官方制度的各类器皿上，秦人铸刻铭文以彰显国家标准。而在日常器皿上，铭文多为吉祥用语，寄托人们的美好心愿。

虽然青铜器作为文字的载体在一定时期发挥着极大的作用，但是由于其面积太小，无法容纳太多的文字，而且铸造工艺也比较复杂，在一定程度上局限了文字的发展。

五、石　刻

石头是一种比甲骨和青铜器更贴近我们生活存在的一种文字载体，其作为文字载体的历史也十分悠久。石刻文字通常较长，数量亦多，更易于模拓。石刻的具体起源为何时，以何缘由出现，目前还不甚明了，现存北京故宫博物院的石鼓被认为是最古老的石刻。公元前221年，秦王嬴政统一全国，开创了皇帝称号，称始皇帝。秦统一后，碑刻逐渐盛行，秦始皇曾多次到各地巡狩，每到一地均命人树碑刻石，颂扬他的文治武功。汉、魏以后的碑刻除纪功纪事、表彰功德外，还有记录诗文法书、名人手迹、神道墓志等作用。在种类繁多的碑刻当中，以记载儒、佛经典的“石经”规模最为宏大，如北京房山区云居寺的石刻佛经，刻石15 000余块，包括佛经1 000余部，分藏于石经山九个石洞及云居寺佛塔旁地穴中，现仍保存完好。石料重而坚硬，难于毁坏遗弃，便于镌刻文字且容量较大，因而是一种理想的文字载体。

随着周王室日渐衰微，整个社会进入封建社会的孕育期，新兴的地主阶级和没落的奴隶主之间产生了激烈的政治斗争，在这样一个大变革时期，产生了各种思想流派，迸发出一场前所未有的思想解放运动，这就是春秋战国时期的百家争鸣。随着这场思想大爆炸的来临，之前作为文字载体的石刻已经难以适应整个社会的普遍需要，人们迫切需要一种更为廉价与方便的文字载体，竹木简牍便应运而生。

六、简　牍

简牍，是中国古代书写用的竹片和木片，主要指木简、竹简、木牍和竹牍，是纸张普及之前中国古代普遍的书写载体。汉代许慎《说文解字·序》中有“著于竹帛谓之书”，说明我国书籍在春秋战国时期已有了定形，我国古代最早出现的正式书籍是简册和帛书。古籍上有“先王寄理于竹帛”等记载，说明早在春秋战国时期，竹帛已经成为写书的主要材料。我们今天仍在使用的许多词汇，如“册”“篇”“编”“连篇累牍”“韦编三绝”等，都与简牍的形制有关；“杀青”“汗青”“罄竹难书”等则与简牍的制作和用材有关；“删改”“笔削”“刀笔吏”等则与简牍时代的文具书刀有关；“契合”“合同”“尺牍”“封缄”

等则与简牍时代的文书制度有关。古代的简牍，在形式及用途上都不尽相同。竹简的形式皆狭长，直书一行或两行，编以麻绳或皮条而成册，一如现今分页成册的书籍。木牍虽亦常为狭长形，但亦有长方形及方形者。长方形及方形的木牍自成一格，通常不编连。古代简牍的长度有一定的规律，因其用途和重要性而异。经典著作的竹木简牍，常为二尺四寸、一尺二寸和八寸……长简常用于较为重要的典籍，而短者用于次要之书。王充曾说："大者为经，小者为传记。"又云："二尺四寸，圣人之语。"武威发现的《仪礼》简长 54 厘米，约合汉制二尺四寸，是多年来出土简册中最长的，确实证明汉代推行用长简书写儒家经典的尊孔制度。在纸发明以前，竹木是最普遍的书写材料，而且在历史上被应用的时间较长。中国目前发现的早期竹简大都属于战国时期，其中最古老的为战国早期曾简和信阳楚简，约为公元前 400 年。最早的木简及木牍是 1975 年在云梦睡虎地四号秦墓的头箱中发现的秦代木牍。从战国至秦汉时期，由于简牍被广泛用作文字记录的载体，这一时期常被称作简牍时代。

简牍的制作一般包括备料、片解、刮削、杀青（或上胶液）、编联等程序。

备料一般采取就地取材的方式，由于地域气候的不同，南北方也存在一定的差异。北方树木较多，因此人们会选择木头作为书写材料，通常以红柳、白杨、松木作为制作简牍的原材料。而南方的竹子遍地可见，所以南方普遍用竹子作为原材料。

片解与刮削，就是将备好的原材料根据所需要的大小进行分解，然后再用工具将它打磨光滑、平整，使每片简牍的大小、宽度都一致，便于书写和装订。

杀青（或上胶液）是因为新鲜的竹子里面含有水分，不能直接书写文字，所以必须用火把竹子烘干。这么做一方面是为了便于书写，另一方面是为了防虫、防蛀。在烘烤竹子的时候，新鲜湿润的青竹片被烤得冒出了水珠，像出汗一样，因此这道烘烤青竹的工序就叫作杀青，也叫汗青。汗青的原意是青竹出汗的工序，后来渐渐地演变成了竹简的代名词。在古代竹简木牍的制作是专门的技艺，官府机构中有专门的匠人从事简牍制作。

简册的出现对于我国古代文化的发展有重要的作用。简册内容大多为经典、官方文书、私人信函、历书、启蒙读物、医方、法律典章等，我国早期的文化著作都书写在简册上。用竹木简牍书写记事比用甲骨、青铜、玉石等记事材料方便，并且竹木价格低廉，易于获得，写作时篇幅不受限制，可以写较长的文章，编连成册后阅读、存放也较方便。我国先秦时的古籍，最初就是写在简册上而流传下来的。可以说简册是封建社会初期传播文化的重要工具，对封建时期的文化奠基起重大作用。造纸术发明以后，简牍仍作为过渡性的书写材料，与纸张共存了一段时间，到魏晋之前，我国最常用的书写材料一直是竹木简牍。虽然简牍有其他书写载体不可替代的优势，但也有很大的局限性，如体积大、携带不便等，使得其越来越不能满足人们的需求。

七、缣　帛

世界公认丝绸文化起源于中国。由于作为图书载体的竹简和木牍太过于笨重，据考古发掘，在公元前 7 世纪或 6 世纪时，我们的祖先已使用缣帛作为书写材料。缣帛是帛、素、缯、缣的总称，所以缣帛档案又被称为“帛书”“缯书”“素书”“缣书”。平实无华的白帛叫“素”，它由生丝织成，不经漂染；由粗丝织成的叫“缯”，多用来绘画。据文献记载，今日所见帛书，最早为 1942 年长沙子弹库出土的“楚缯书”，为战国时期保存最完整的唯一帛书，现存美国大都会博物馆。西汉帛书屡有发现，如长沙马王堆汉墓出土的十余种帛书，黑墨书写，或隶或篆。此外，长沙战国和汉代的墓葬出土过帛画和帛地图。缣帛文献约起源于春秋时代，盛行于两汉，作为文字载体，缣帛柔软、轻便，便于携带保管，书写时易于吸墨。这些优良特性使缣帛成为纸发明以前最佳的书写材料。

但无论从取材难易还是使用范围来看，竹木远较帛要普遍，且缣帛毕竟是一种贵重的丝织品，产量少，价格昂贵，难以向大众普及。古代文献中有关帛书的记载，大都是与皇家、贵族藏书有关的。由于自身的局限性，缣帛始终未曾独自在历史的舞台上表演过。它的前期是伴着简牍的存在而起舞，后期随着纸张的普遍使用而谢幕。尽管它并非中国书史分期中的一个独立阶段，可它对纸的发明有直接启示，其形制对后世的书籍制度也产生了极大影响。尽管缣帛文书在保存古代文献方面发挥了重要作用，但它的高成本，物理脆弱性强，以及书写后难以更改等局限性，使得它始终未能取代简牍作为记录知识的主要载体。

随着造纸技术的发展和纸张的普及，自唐宋以后，缣帛逐渐被纸张所取代。此外，由于缣帛自身存在着当时无法弥补的缺点，它的衰落也就不可避免了。

八、纸　张

我国的手工造纸技术，经历了约2000年的发展历程。纸的发明在文化的传承、社会的进步等方面发挥了重要的作用。在漫长的历史发展过程中，中国造纸的原料从麻、皮发展到以竹为主，使用范围不断扩大，成为人们生活中不可或缺的材料。与简牍、缣帛等文字载体相比较，纸有着独立、轻便、价廉、容量大、易储存等优越性，到公元3世纪，纸张已经在全国范围内广泛使用，在公元7世纪前后传入了中亚、西亚、欧洲，并逐步传播到全世界。

第二节 文献记载的古纸

一、《说文解字》中的纸

关于纸的定义，最早见于许慎的《说文解字》。《说文解字》记载："纸，絮一苫也。从糸，氏声。"[①]许慎把纸的原料称为"絮"，"纸"在《说文解字》中被归到"糸"部，是典型的形声字。在"糸"收录的字形中，绝大部分都和丝织品有所关联，因此，"纸"从字形来看，和丝织品是有一定联系的。但是从出土实物来看，早期古纸的原料却为麻类植物纤维。"纸"在造字之初，以"氏"为声，以"糸"为形，但又并非以丝絮为造纸原料，那么可解释通的就是作为造纸原料的麻类纤维与丝絮有相近之处。从出土的汉代纸张来看，麻类纤维作为造纸原料，经历了复杂工序后，所呈现出的颜色、形态等方面与丝絮相似。因此在造字之初，"纸"字从"糸"并非因为造纸原料为丝，而是因为造纸纤维与丝絮形态、颜色相似。

甲骨文中就有"丝"的字形，但直到几百年后的两汉时期，才出现了纸张实物，也有了关于"纸"的定义以及造纸工艺的文献记载。在《说文解字》收录的从"糸"的文字中，亦有一部分与毛制品、麻制品有关，而非都是丝制品。"纸"从"糸"也是同理，并不能说明早期的古纸是丝质。潘吉星认为："蚕丝纤维主要由丝素和丝胶组成，二者都是动物蛋白质高分子化合物，与构成纸的纤维素大分子氢键缔合物有不同的化学结构和性能。"[②]丝纤维脱胶后经过水中敲打（漂絮）后，没有了丝胶的黏接，就是没有强度的丝渣，而不是纸。

段玉裁在《说文解字注》中所说"按造纸昉于漂絮，其初丝絮为之，

① [汉]许慎：《说文解字》，北京：中华书局，2013年，第277页。

② 潘吉星：《中国造纸史》，上海：上海人民出版社，2009年，第10页。

以箈荐而成之”[1]，这一点显然是后期研究者对早期造纸原料和工艺的推测。其仅依据字形和文献记载，认为早期的纸产生于漂絮，最早的纸的原料为丝，这是不科学的。古人在漂絮的过程中，会产生一些丝渣薄片，其形类似纸张，但其强度低、匀度差，并不是早期纸张的主要原材料。后人在漂絮的原理之上，结合植物纤维的特性，在工具和工艺上都做了改进，从而创造了利用植物纤维造纸的方法。

二、《后汉书》中的纸

《后汉书·宦者传·蔡伦》："自古书契多编以竹简，其用缣帛者谓之为纸。缣贵而简重，并不便于人。伦乃造意，用树肤、麻头及敝布、鱼网以为纸。"[2]人们根据这段文献，提出了"蔡伦造纸"一说。除此之外，还提到了以树肤（即树皮）、麻头、敝布、渔网为造纸原料。但是范晔所说缣帛为纸，显然是将缣帛与纸两个概念混为一谈，究其原因是范晔本没有见过汉代的纸张实物。

根据《后汉书》中的记载："缣贵而简重"，皆不是书写的理想材料。纸的发明和普及是文字载体的重大革命，开创了图文载体的新纪元。

段玉裁在《说文解字注》中又引用《后汉书》中关于蔡伦造纸的记载："蔡伦造意，用树肤、麻头及敝布、鱼网以为纸。元兴元年奏上之，帝善其能，自是莫不从用焉，故天下咸称蔡侯纸。"[3]段玉裁还进一步解释造纸的原料和工艺："按造纸昉于漂絮，其初丝絮为之，以箈荐而成之。今用竹质木皮为纸，亦有致密竹帘荐之是也。"从这些记载中可以看出，段玉裁认为最早的造纸原料为丝，到蔡伦时期改用"树肤、麻头及敝布、鱼网"，而在段玉裁生活的时期，使用的原料则为"竹质木皮"。在段玉裁的表述中，其实也认为造纸原料是有一个不断改良的过程的，在蔡

---

① [清]段玉裁：《说文解字注》，上海：上海古籍出版社，1981年，第659页。

② [南朝宋]范晔：《后汉书》，北京：中华书局，1965年，第2513页。

③ [清]段玉裁：《说文解字注》，上海：上海古籍出版社，1981年，第659页。

伦之前也有纸张出现。只是段玉裁没有见过汉代早期的古纸，对蔡伦之前的造纸原料仅是根据字形来推测的。

三、汉简中的纸

除了前文提到《说文解字》对“纸”的释义和《后汉书》中对蔡伦造纸的记载，关于西汉时期纸张的使用，最具体的是《汉书·外戚传》中的相关记载：“后三日，客复持诏记，封如前予武，中有封小绿箧，记曰：‘告武，以箧中物书予狱中妇人，武自临饮之。’武发箧中，有裹药二枚，赫蹏书曰：‘告伟能，努力饮此药，不可复入，女自知之。’”[①]关于“赫蹏”一词，孟康、应劭等认为就是汉代的纸：“孟康曰：‘蹏犹地也，染纸素令赤而书之，若今黄纸也。’邓展曰：‘赫音兄弟阋墙之阋。’应劭曰：“赫蹏，薄小纸也。’晋灼曰：‘今谓薄小物为阋蹏。邓音应说是也。’颜师古曰：‘孟说非也。今书本赫字或作击。’”[②]

这段文献是汉哀帝时司隶解光上奏赵昭仪逼杀曹宫的记载，汉哀帝是西汉第十三位皇帝，这说明在当时就已经有了古纸的使用，并且是作为书写的载体出现，这与西北出土的西汉古纸实物的时代正好相互印证。

在出土的汉简中，亦有关于早期古纸的记载：

正月十六日，因檄，检下赤蹏，与史长仲，赍己部掾。

（敦974）

这枚汉简出土于敦煌马圈湾汉代烽燧遗址。简文中的“赤蹏”一词，裘锡圭先生认为就是文献记载的“赫蹏”[③]，胡平生先生认为是“在檄简和封简之间，夹有‘赫蹏书’，出土简牍文物与历史文献完全吻合”[④]。

---

① [汉]班固：《汉书》，北京：中华书局，第3991页。

② [汉]班固：《汉书》，北京：中华书局，第3992页。

③ 胡平生：《胡平生简牍文物论稿》，上海：中西书局，2012年，第212页。

④ 胡平生：《渥洼天马西北来，汉简研究新飞跃——读〈敦煌马圈湾汉简集释〉》，《出土文献与古文字研究》第6辑，上海：上海古籍出版社，2015年，第476页。

裘锡圭、胡平生两位先生都认为“赤蹄”为“赫蹄”，也就是早期的纸张，马智全《从絮到纸：以汉简为视角的西汉古纸考察》一文中也引用并肯定了这一观点。敦煌马圈湾汉简有63枚是纪年简，时代最早为西汉宣帝本始三年（前71年），最晚为王莽地皇二年（21年），敦煌马圈湾所出简牍大致就在这段历史时期内，因此“赤蹄”的出现时期是在王莽始建国地皇二年之前，而且出现在西汉时期的可能性更大。

图1-1 居延汉简（306.10）

此外，在居延汉简中还有一枚汉简，也记载了汉代的古纸，并出现了“纸”字。

简文内容为：“五十一纸重五斤。”居延汉代烽燧遗址出土的简牍年代大致在西汉中后期至东汉初期，这枚简的时代应该也在这段时期内。同时，在形制上属于楬，即记录物品名称、数量等信息的特殊形制简牍。简文中“五十一”和“纸重五斤”字迹不一致，应是两次书写。据此推测，简文的内容可以有两种解释：一是“五十一纸，重五斤”。但根据出土实物的造纸原料和早期纸尺寸的推测，五十一张纸重量达到五斤的可能性不大。二是“五十一，纸重五斤”。其中“五十一”可能是序号之类的编号，“纸重五斤”是物品的种类和重量，这样就更为合理。在这枚简上，我们可以清晰地看到简牍上的“纸”字与《说文解字》收录的“纸”字形完全一致。

“赤蹄（赫蹄）”与“纸”同指纸张，可能在当时两个名称是并用的，也有可能是“赤蹄（赫蹄）”一词出现在前，“纸”出现在后。

但在汉代，简牍仍是重要的书写载体，纸张尚未普遍使用于书写。

四、汉代以后的文献记载

关于“纸”的最早的记载，还只是围绕关于什么是纸、纸张的起源等问题。后期的一些文献中关于纸的记录开始出现分类，“纸”这个词在不同语境中，代表着不同的类型和用途。从部分记载中，我们还可以看出纸张演变的痕迹。

（一）书写用纸

《新唐书·萧廪传》：“南海多榖纸，仿敕诸子缮补残书。”[①]《旧唐书·萧倣传》：“初从父南海，地多榖纸，倣敕子弟缮写缺落文史。”[②]明代李时珍《本草纲目·木三·楮》：“陶弘景曰：‘南人呼榖纸亦为楮纸。’”[③]榖，落叶乔木，“构”“楮”。树皮纤维可造纸，榖纸也就是楮纸，这是在早期纸张的基础上进一步改良造纸原料产生的纸。

（二）祭祀用纸

《七国春秋平话》后集卷上：“白起上纸祭毕。”[④]《西游记》卷回第十七回：“烧了些平安无事的纸，念了几卷消灾解厄的经。”[⑤]用纸张作为祭祀用品，可能会在造纸工艺上有了划分。书写绘画纸张因为要着墨、上色，对纸张工艺的要求会相对较高，但是祭祀用品在工艺上要求就会降低。不同工艺的纸张价格上也会有所体现，也就限制了纸张的使用范围。

---

① [汉]欧阳修，宋祁：《新唐书》，北京：中华书局，1975年，第3960页。

② [后晋]刘昫等：《旧唐书》，北京：中华书局，1975年，第4482页。

③ [明]李时珍：《本草纲目·木部》卷之十六，第9页。

④ 《七国春秋平话》，上海：古典文学出版社，1958年，第12页。

⑤ 《西游记·卷四·第十七回》，明万历二十年（1592）金陵唐氏世德堂刻本。

（三）量词，意为“张”

《北齐书·魏收传》：“初夜执笔，三更便成，文过七纸。”[①] 明陈继儒《珍珠船》卷四:“太宗有大王真迹三千六百纸,率以一丈二尺为轴。”[②] 这两段中的纸则是用作量词。

在上述文献中，纸的用途、释义也呈现出多样性。这些都说明了随着造纸技术的进步，纸张的使用范围和使用对象扩大，在日常生活中得以广泛使用。可以说，纸张的出现和广泛应用在一定程度上促成了后期印刷术的出现。而纸张、印刷术的出现为文化传播、全民素质提高带来了更多便利。

---

① [唐]李百药：《北齐书》，北京：中华书局，1975年，第487页。

② [明]陈纪儒纂，沈德先校：《珍珠船》，北京：中华书局，1985年，第77页。

第三节　其他古代地区书写载体

一、埃及草纸

莎草纸，又称纸莎草、莎草片，是古埃及人广泛采用的书写载体。它用当时盛产于尼罗河三角洲的纸莎草的茎制成，堪称古埃及人的一大发明，主要用于记录法律文件、文学作品、宗教经文、日常生活账目等。莎草纸不仅在古埃及社会中扮演着重要角色，还通过贸易传播到古希腊、古罗马以及更远的欧洲内陆和西亚地区，促进了知识与文化的传播。至8世纪中叶，莎草纸已经淡出了书写领域，制作技术也渐渐消亡，仅仅作为文献载体而存在。莎草纸的造价较昂贵，后来被更为便宜的人工造纸所取代了。莎草纸通常采用单面书写，使用时展开，存放时卷起来。其本身也存在易潮、易燃、保存期限短、不能折叠、粗糙且不够柔软、笨重和不便阅读等明显缺陷，这些缺点在一定程度上解释了莎草纸最终被其他书写材料所取代的原因。

二、印度贝叶

埃及有纸草文书，印度人则创造了“贝叶经”。古印度的贝叶经，采用的是棕榈科贝叶棕宽大长幅柔韧坚实宛如剑身的叶片，经过一番修整、压平、水煮、晒干之类的程序，装订成册，再用铁针铁笔在上面刻写文字，然后涂上植物油，字迹就会清晰地显示出来。这样的成品防蛀、防水、不变形，轻便耐磨，历经千百年字迹依然清晰可见。唐代高僧玄奘西去取经，取回来的就是“贝叶经”。现存的贝叶经写本，尽管在数量上不如纸书写本，但是在佛典中却占据重要的地位，因为佛经的梵文写本主要是贝叶写本。随着纸张的发明，贝叶逐渐被取代。但是，贝叶写本的影响仍然巨大，即使是流行纸书，有时也依据贝叶的形式做成贝叶形的纸；贝叶写经长期影响了印度书籍的样式，而且贝叶的形制和书写用笔，对梵文的字体也有很大的影响。贝叶经最早起源于印度，7世纪前后传入我国云南傣族聚居地区，得到丰富和发展。傣语称贝叶棕为“戈兰”，通称为贝叶树。现存傣文贝叶经内容极其丰富，除佛教教义外，尚有历史传说、天文历法、文学作品、自然常识、生产知识、医药卫生等多种知识，是记载和传播傣族历史文化的百科全书。

三、两河泥板

相比于纸草和贝叶，承载更古老文字的是更为沉重的泥板。在两河流域生活着的苏美尔人创造了绚烂的文明，而其中最具标志性的成就，便是他们的文字。苏美尔人创造的楔形文字是世界上已知最古老的文字。他们用黏土做成长方形的泥板，用芦苇或木棒削成三角形尖头在上面刻上字，然后把泥板晾干或者用火烤干，这就是后来人们所说的泥板文书。苏美尔人在简化图画文字的过程中，逐渐开始用楔形符号代替图画符号。楔形文字是苏美尔人发明的特有的一种书写字体，因为它的笔画一头粗一头细，形状像一个楔子而得名，早期的泥板是圆形和角锥形，不方便书写和存放，后来才改为方形。

最早的泥板文书记录的是商业往来和政府事务，例如交税和欠税、军队的组建和补给等。久而久之，文学发展了起来，出现了史诗、神话、科学、历史和哲学方面的记录。此外，泥板文书还记载了古代天文学、地理和医药学等方面的知识。泥板文书的发现对于理解人类早期的书写系统、语言演变、社会结构、经济活动乃至思想文化等都具有不可估量的价值。尽管泥板文书在人类文明史上扮演了重要角色，但由于其泥板重搬运不便、存储空间占用大、书写效率低、书写局限性等缺陷，限制了其应用范围。

四、地中海羊皮

由于羊皮纸质地柔软，有韧性，不似莎草纸那般易折损，公元4世纪，书写于羊皮纸上的基督教文化替代了随着埃及莎草纸腐坏而逝去的传统文化。1000年后，西方文明又从羊皮手卷迈入印刷书籍的时代，至今延续。于此意义而言，欧洲的中世纪历史是一部书写在羊皮纸上的历史。古代西方很早就有用动物皮书写的传统。“事实上，几乎所有家养动物的皮，甚至鱼皮，都曾用来做过书写材料。”[①] 动物皮书写的最早记录可以上溯至公元前2500年的埃及第四王朝时代。在当时的埃及，人们用莎草纸与动物皮一起书写文字。公元前6世纪两河流域的泥板文书也显示出当时的书记员分为“黏土板书记员”和“兽皮书记员”两类。公元前3世纪左右，则出现了目前可追溯的最早的羊皮纸小册子。羊皮纸的制作工艺开始臻于完善是在公元2世纪左右，这为中世纪“羊皮纸时代”的到来奠定了工艺基础。虽然羊皮纸可以就地取材，但是在材料的总体数量规模上还是完全无法跟莎草纸相比。羊皮纸的制作工艺复杂，使得可以用于抄写的纸张数量明显不足，而由于需要抄写的书籍很多，而且政府对于纸张的需求量也很大，羊皮纸的价格上涨，出现严重的供不应求的局面，最终只能缩减纸张的使用率，放弃更多的抄写计划，到加洛林时期总体的文献数量下降到一个低谷。虽然羊皮纸完全替代了莎草纸，但是羊皮纸作为书写材料之所以能够满足需求，仅仅是因为当时社会对书写材料的需求量较小。这甚至导致了书写材料倒退的现象，在日常事务和信函方面，一些较古老的书写材料又被重新启用，比如在罗马地区有很长历史的蜡板就重新被大量使用以补充羊皮纸供应的不足。

在现代社会，羊皮纸虽已式微，但并没有完全消失。特别是在英国，重要文件的书写仍然会采用羊皮纸，比如政府公文和法律文书等。2011年，威廉王子大婚，他与凯特王妃的结婚证即写于羊皮纸上，这彰显了羊皮纸书写的古老传统。除此之外，羊皮纸最大的文化意义可能在于为我们打通了一条通往中世纪甚至更久远历史的时光隧道。

---

① 王睿：《中世纪羊皮纸档案》，《文明》，2015年第2期，第14页。

第二章

西北地区出土古纸概述及造纸工艺

在纸张发明之前的很长一段时间内，人们曾经历过陶器、甲骨文、金石玉器、竹木简牍、绢帛等记事书画的漫长历史。但随着时间的推移，伴随着生产力的发展、社会的进步，大约从西汉开始，易书易画、简单便携的纸张被推向历史舞台。汉晋以降，随着造纸技术的进步和生产的扩大，以及社会需求的增加，纸张逐渐占据主要位置，成为一种新的并长久使用的书画材料，也广泛使用于其他领域。

本章主要系统地对新疆、甘肃、陕西等西北地区出土的汉晋古纸进行了概述，并对汉晋时期的造纸工艺进行了详细的介绍。

第一节主要介绍了在新疆、甘肃、陕西等地出土的汉晋古纸。这些地区因其干旱的气候条件而成为古纸保存的理想环境。通过考古发掘，我们发现了大量保存较好的汉晋古纸，它们不仅是珍贵的历史文物，也是研究汉晋时期社会文化、经济生活的重要资料。这些古纸包括了书写纸、包装纸等多种类型。此外，古纸上保留的文字记录也为我们提供了关于当时人们日常生活、文化交流等方面的宝贵信息。

第二节则深入探讨了汉晋古纸的造纸工艺。这一时期是中国造纸技术发展的重要阶段，从原料选择到纸张成型，每一步都体现了古代工匠的智慧和技术水平。汉晋时期的造纸工艺不仅反映了当时的技术成就，也为后来造纸技术的进步奠定了坚实的基础。通过对这些工艺的了解，我们不仅可以更好地理解古代造纸技术的发展历程，还能从中汲取灵感应用于现代造纸业。

第一节　西北地区汉晋古纸概述

一、新疆地区出土的古纸

（一）罗布淖尔纸

1933 年，考古学家黄文弼先生在新疆罗布淖尔汉代烽燧遗址中发现一块残损的古纸，纸上无字。据黄文弼先生当时记载该纸张“麻质、白色，作方块薄片，四周不完整，长约 40 毫米，宽约 100 毫米，质甚粗糙，不匀净，纸面留存麻筋。盖为初造时所作，故不精细也”[①]。同时出土的木简上有关于黄龙元年（前 49 年）的记载，此为汉宣帝的年号，故可确定此纸为西汉宣帝时期之物，根据出土地，将其命名为“罗布淖尔纸”。可惜，此纸在第二次世界大战中毁于战火，还没有来得及用现代分析检测技术对其进行科学鉴定。

（二）尼雅纸

1959 年，在新疆民丰县以北的塔克拉玛干沙漠中，发掘了一座东汉时期夫妻合葬墓，墓中出土器物丰富，其中有一个黄绸小包，内有朱粉少许，还有纸张一小块，揉成一团，大部分涂成黑色，长 4.3 厘米，宽 2.9 厘米。该纸现藏新疆维吾尔自治区博物馆（编号 59MN1 ：477；文物编号 06966），为国家一级文物。此墓所在位置就位于从 20 世纪初直到近年被多次发掘的尼雅遗址，故称尼雅纸。该文物为东汉时期纸张传入新疆地区的标志性物证，对纸和造纸术西传历史的研究有极为重要的价值。尼雅纸所用造纸原料为麻类纤维，没有帘纹，表面粗糙，纤维分布不均匀，

① 刘仁庆：《纸系千秋新考—中国古纸撷英》，北京：知识产权出版社，2018 年，第10-11页。

这些特征说明其采用早期造纸技术浇纸法生产。尼雅纸表面经过染色，是迄今发现的最早染色纸。尼雅纸作为东汉古纸，说明了当时浇纸法技术已传入新疆地区。

二、甘肃地区出土的古纸

（一）查科尔帖纸

1942 年，考古学家劳榦和石璋如两位先生在甘肃额济纳河沿岸汉代居延地区清理瑞典人贝格曼发掘过的遗址时，在查科尔帖的一座古烽燧废墟中发现了一片古纸，这张纸已经被揉作一团。据同济大学生物系主任吴印禅先生分析鉴定，认为此纸由植物纤维制成。纸张厚而粗糙，无清晰的帘纹，上边有 20 多个由隶书书写的文字可清晰辨识。经考证发现，此纸的年代为 109 至 110 年之际，即西羌抚边、汉军弃守这座烽火台的时间。[①] 根据出土地将其命名为“查科尔帖纸”，此纸现藏台湾“中央研究院”历史语言研究所。

（二）居延纸

居延纸中具有代表性的是在甘肃金塔县境内出土的肩水金关纸。肩水金关是汉代张掖郡肩水都尉下辖的一处出入关卡，军事防御地位重要，是汉朝扼守弱水，防止北方游牧民族南下侵扰的北大门，也是河西走廊北上入居延绿洲及更北广袤区域的必经之地。取名金关，即含有“固若金汤”的意思。肩水金关位于甘肃省金塔县北部，坐落在额济纳河东岸，南距肩水候官遗址（地湾）500 米，1988 年被列为第三批全国重点文物保护单位。1973 年，甘肃省居延考古队在此掘出汉简 11 577 枚，同时出土的还有书信、印章、泥封、毛笔、砚台、木版

① 潘吉星：《中国造纸史》，上海：上海人民出版社，2009年，第54-55页。

画等，同时还发现了西汉麻纸 2 片，称为居延金关纸[①]。出土时揉成一团，经展平后，张纸尺寸为 21 厘米 ×10 厘米，色白，纸面薄匀，一面平整，一面稍起毛，质地细密坚韧，含有细麻线头。同一处出土了几根木简墨色书写的最晚年代是甘露二年（前 52 年），这说明此纸有可能是西汉宣帝刘询时期的故物。另一张为 11.5 厘米 ×9 厘米，暗黄色，纸面稀松，含有麻筋、线头和碎麻布片等。从出土地层推知，大约是西汉哀帝刘欣建平元年（前 6 年）以前埋入的。[②]上述两张麻质纸上边无字迹，现藏甘肃简牍博物馆。关于居延金关纸的相关信息，下文会做详细介绍，在此就不一一赘述了。

（三）旱滩坡纸

继 1972 年 1 月武威县柏树公社小寨湾大队在旱滩坡东汉墓内发现大批医药简牍之后，1974 柏树公社桥儿大队第五生产队开挖金塔河干渠，又发现一座东汉墓，从中出土了一批东汉古纸，称为“旱滩坡纸”。旱滩坡位于武威县南、祁连山北麓，东汉时曾是墓葬地。旱滩坡纸存在于墓中的木牛车模型车箱两侧，三层纸粘在一起。该纸张上的文字用墨书写，纸上有较大的隶书文字，字迹已多不能辨认，明显可辨的有“青贝”等字。因长期老化，纸的强度大减，大部分已裂成碎片，最大的一片也只有几毫米，大部分纸呈褐色。只有置于最内层的两片纸，保存较好，呈白色，纸质柔软，且具有一定的强度。该纸较薄，仅有 0.07 毫米，经显微观察发现纸张表面光滑，纤维组织紧凑而且均匀，是一种较好的纸。[③]

---

① 甘肃居延考古队：《居延汉代遗址的发掘和新出土的简册文物》，《文物》,1978年1期，第1-32页。

② 刘仁庆：《古纸纸名研究与讨论之一|汉代纸名》，《中华纸业》，2016年第37期，第65-70页。

③ 潘吉星：《谈旱滩坡东汉墓出土的麻纸》，《文物》，1977年第1期，第62-63页；党寿山：《甘肃省武威县旱滩坡东汉墓发现古纸》，《文物》，1977年第1期，第59-61页。

（四）马圈湾纸

1979 年 10 月，甘肃省博物馆文物队与敦煌县文化馆组成汉代长城调查组，对甘肃敦煌马圈湾遗址进行了试掘工作，并取得了显著成果。在此遗址共发掘出土实物 337 件，文物种类繁多，这些物品绝大多数是在该地长期生活的士吏和戍卒抛弃的。其中有麻纸 8 片，或黄色、白色，无字，质地细匀，边缘露出麻纤维，出土时大多已被揉皱，最大的一片纸为 32 厘米 ×20 厘米。同时出土的木简，最早为西汉宣帝元康年间（前 65—前 61 年），最晚是甘露年间（前 53—前 50 年），它们被命名为马圈湾纸。[①] 此纸现收藏于甘肃简牍博物馆。下文会对此纸进行详细介绍，在此不作赘述。

（五）放马滩纸

1986 年 9 月，甘肃省文物考古研究所工作人员在天水市北道区党川乡一个叫放马滩的地方对秦汉“古墓葬群”进行发掘，发现了汉墓一座，出土了文物多件。随葬物中有陶瓮、陶壶、漆耳杯、竹简、木板地图等。特别是在棺内死者胸处有纸地图一幅。出土时，纸呈黄色、不规则碎片，后变为浅灰黄色，表面有污点。纸残长 5.6 厘米，宽 2.6 厘米。纸面平整，用细黑线绘出的山川、河流、道路等图形大体可见。经考证，该墓的年代为西汉文帝刘恒（前 180—前 157 年）或景帝刘启（前 157—前 141 年）在位时期，遂被称为放马滩纸。分析表明，该纸是麻纤维制成，它可能是目前所发现的世界上最早的一张纸地图。此纸现收藏于甘肃简牍博物馆。关于此纸的详细检测分析信息，下文会对此纸进行详细介绍，在此不作赘述。

（六）敦煌市博物馆收藏的汉代书信纸

---

① 《敦煌马圈湾汉代烽燧遗址发掘简报》，《文物》，1981年第10期，第1-8+97-99页。

1998年出土于玉门关遗址小方盘城南侧。长3.5厘米，宽2.4厘米，纸的四周参差不齐。残片上面的字体墨迹清晰，工整，为隶书，残存4行29字，从右至左竖行书写。内容为：“陵叩头再□言/君夫□人御者足下毋/不审至不陵不□□/从者景君惠大□。”从该纸张上文字的内容分析，似为书信，同层出土的还有西汉年号的纪年汉简。根据这些有纪年的汉简判断，这块有字的麻纸，当是汉成帝刘骜绥和二年（前7年）的物品。这要比蔡伦在东汉和帝刘肇元兴元年（105年）制造并奏报朝廷的“蔡侯纸”早了113年。这块麻纸质地较厚，表面较为粗糙，但墨迹保存很好，字迹的书体风格和汉简隶书相同，这说明早在西汉时期我国不仅已造出了麻纸，而且已经将纸用于书写材料了。

图2-1　敦煌市博物馆收藏的汉代书信纸

（七）兰州市博物馆收藏的东汉纸

这张出土于兰州伏龙坪的一座东汉时期古墓葬的东汉纸，是国家一级文物，是1987年9月工作人员在清理城关区龙尾山伏龙坪东汉砖雕时发现的。两块纸被剪成圆形的衬垫物，垫在铜镜的下面。三片墨迹纸中有两片基本保存完整，其中一片有些许霉点，有毛笔墨迹 40 余字，另一块腐烂多处，四分之一边缘破损，其上书毛笔字 60 余字。所书字体介于隶书和楷书之间，其中“妇悉履…… 奈何当奈何……”几字清晰可辨，专家认为内容应为求医问药和嘘寒问暖之辞，而与死者身份经历无直接联系。出土后呈白色，纸面薄厚均匀，柔软有韧性。据纤维结构显微分析，其中所用的原料为麻、草和树皮等植物纤维，强光透视背面，有明显的帘纹，纸面较为光滑，似有二次加工的痕迹。这些情况，基本与有关蔡伦纸的文献记载相符。上边清晰可辨的墨迹，说明此纸在当时已成为最理想的书写工具而被广泛使用，它为研究中国的造纸术及书法艺术提供了宝贵的实物资料。

图 2-2　兰州市博物馆收藏的东汉纸

（八）甘肃省文物考古研究所收藏的河西地区晋律纸

2002 年 6 月甘肃省文物考古研究所考古发掘于玉门市花海镇毕家滩的十六国时期的墓地，共清理墓葬 53 座，其中一座小型土圹墓（M24）出土了四块有文字的棺板，其中仅一块保存完整，对上边的文字进行研究发现，棺板上的文字是先书写于纸上，而后再裱糊于棺板之上[①]。根据同一墓群所出的衣物疏纪年及棺板上“诸侯律注第廿”的文字记录，学者认为这批文字属于《晋律注》。因埋藏环境复杂及年代久远等各种原因，文物整体保存状况极为不佳。棺板存在残缺、断裂等多种病害，而外侧的纸本文书降解更为严重，已达到触之即粉的状态。对其进行原料分析，显示纸本文书为皮浆纤维，因此可以确定该文书是目前为止出土为数不多的魏晋时期以皮浆为原料的纸质实物，这为甘肃河西地区造纸原料发展的研究提供了珍贵的实物资料。[②]

图 2-3　甘肃省考古所收藏的河西地区晋律纸

① 张俊民，曹旅宁：《毕家滩〈晋律注〉相关问题研究》，《考古与文物》，2010年第6期，第67-72+102页。

② 邓天珍，史少华，白云星等：《玉门花海毕家滩棺板〈晋律注〉的保护修复研究》，《文物保护与考古科学》，2019年第3期，第44-51页。

三、陕西地区出土古纸

（一）灞桥纸

1957 年 5 月 8 日，西安东郊灞桥砖瓦厂在取土时，发现了一座不晚于西汉武帝时代的土室墓葬，墓中一枚青铜镜上，垫衬着麻类纤维纸的残片，考古工作者细心地把粘附在铜镜上的纸剔下来，大大小小共 80 多片，其中最大的一片长宽各约 10 厘米，专家们给它定名“灞桥纸”，现陈列在陕西历史博物馆。灞桥纸纸色暗黄，纸面较为平整、柔软，呈薄片状，有一定强度。鉴定发现其原料主要是大麻纤维，间有少许苎麻，而这些麻纤维的来源主要为破麻布①。其纤维平均长度为 1 毫米，绝大多数纤维作不规则异向排列，少数部位同向排列，亦观察到被切断、打溃的帚化纤维。它说明这种纸的原料经历了切断、蒸煮、舂捣及抄造等处理过程，只是加工程度较低。研究表明，这是迄今所见世界上最早的纸片，它的发现在科学技术史上具有重大的意义。灞桥纸的发现，说明早在西汉时代，我国劳动人民已经发明用植物纤维造纸。关于灞桥纸的用途目前尚没有定论，潘吉星先生鉴于灞桥纸结构松散，不适宜书写，提出了灞桥纸是用于包装的观点②。

（二）中颜纸

1978 年在陕西扶风中颜村出土了西汉宣帝时期（前 73—前 49 年）的三张麻纸；考古发掘时发现其分别塞在三枚铜泡中，揉成一团，展开后发现最大的纸张尺寸为 6.8 厘米 ×7.2 厘米，其余几块大小不等，呈乳黄色，表面粘有不少铜锈绿斑。该纸张较为坚韧、耐折、色泽较好，没有虫蛀和朽坏痕迹，且造纸工艺略精于灞桥纸，但纤维仍然较为粗糙，经分析检测发现有较多的纤维束和尚未完全打散的麻绳头等组织，且纤

---

① 潘吉星：《中国造纸技术史稿》，北京：文物出版社，1979年，第166页。

② 戴家璋：《关于“灞桥纸”与中国古代造纸术之我见兼与潘吉星先生商榷》，《中国造纸》，1990年第4期，第64-71页。

维分布不均匀，实测纸的厚度约为 0.022 ~ 0.024 厘米。从纸的物理结构观察属于早期纸的范畴，与居延纸相近。从出土文物来看，此纸的生产时间当在西汉平帝之前。该纸被命名为中颜纸、扶风纸或扶风中颜纸，现藏陕西历史博物馆。中颜纸的发现为论证我国造纸术起源于西汉增添了新的重要依据。

第二节 纸张的科学定义与功能用途

一、纸的本质及科学定义

何谓纸？在探究纸的发明、成因及工艺时，这是个首先需要解决的问题。一般来说，纸本质上是一种文化用品，这可以从纸的起源中找到答案。纸的发明主要是为了推动革新出一种易于书写的材料，后被广泛运用于印刷、书写、绘画、包装等，至今仍在影响着社会生产生活的众多领域。究其本质来说，从古至今人们有很多种对纸的定义，大体上都是从纸的原料、工艺和用途等多方面来回答，但侧重点各有差异，可谓见仁见智。

东汉著名经学家、文字学家许慎在其所著的《说文解字》中对纸张进行了定义："纸，絮一苫也，从系，氏声。"即"纸"字会意从"系"，发声从"氏"，氏与氐通假，故读作（zhǐ），苫指的席子。在许慎看来，"纸"是在席子上形成的一片絮，"絮"用现在的话说就是纤维，而"苫"指的就是滤水的模具。这条定义已经包含了造纸的两个主要因素，造纸的纤维和模具，但是没有明确造纸原料究竟是动物纤维还是植物纤维。

现当代一些权威的百科全书、字辞典、专著中有许多关于"纸"的定义，如：

（1）1951 年版《大苏维埃百科全书》认为"纸是基本上用特殊加工、主要由植物纤维层组成的纤维物，这些植物纤维加工时靠纤维间产生的联结力相互交结"。

（2）1963 年版《美国百科全书》把纸张理解为"从水悬浮液中捞在帘上形成由植物纤维交结成毡的薄片"。

（3）1966 年的《韦氏大辞典》认为"纸是由破布、木浆及其他材料制成的薄片，用于书写、印刷、糊墙和包装之物体”。

（4）1979 年版《辞海》认为纸是“用于书写、印刷、绘画、包装、生活等方面的片状纤维制品，为中国古代四大发明之一。一般是以植物纤维的水悬浮液在网上过滤、交织、压榨、烘干而成。为满足某些质量和使用要求，常加入适量的胶料、填料、染料和化学助剂等”。

（5）《现代汉语词典》将纸定义为“写字、绘画、印刷、包装等所用的东西，多用植物纤维造纸。”

（6）我国台湾地区造纸工业同业公会于 1984 年出版的《造纸印刷名辞词典》中对纸的定义：“以植物纤维或是其他纤维交织络合、固着而制成之片状物。”此定义是就广义而言，包含合成纸、石棉纸等非纸张品在内。

（7）造纸业专家戴家璋在其主编的《中国造纸技术简史》中提到：从古纸生产的角度看，用造纸的习惯用语来说，应该是：“植物纤维经过剪切备料、沤煮、舂捣、加入或不加入辅料、抄造成形、干燥、制成符合书写用途的薄，称之为纸。”

（8）王菊华在《中国古代造纸工程技术史》中对纸下了定义，她认为纸是“植物纤维原料，经过切断、沤煮、漂洗、舂捣、帘抄、干燥等步骤，制成的纤维薄片”。

（9）美国学者达德·亨特（Dard Hunter）是迄今为止造纸史研究领域最重要的专家，早在 20 世纪 40 年代以前他就考察了全世界各种方法的造纸。他在其造纸专著 *Papermaking*：*The History and Technique of an Ancient Craft* 中说，真正的纸应是这样的：“一种由植物纤维作成的存落在平滑多孔上的薄膜材料。”他下这个定义是针对蔡伦那种早期的纸而言的，接着他又补充说：“作为真正的纸，此薄片必须由成浆的植物纤维制成，使每个细丝成为单独的纤维个体，再将纤维与水混合，利用筛状的帘将纤维从水中提起，形成薄层，水从帘的小孔流出，在帘的表面留着交织成片的纤维，此相互交织的纤维薄层就是纸”[①]。

（10）中国科学院自然史研究所纸史研究专家潘吉星自20世纪60年代开始专攻造纸科学史，他基于多年的科学研究成果，综合已有的各种提法，给纸下定义为：“传统上所谓的纸，指植物纤维原料经机械、化学作用制成纯度较大的分散纤维，与水配成浆液，使浆液流经多孔模具帘滤去水，纤维在帘的表面形成湿的薄层，干燥后形成具有一定强度的由纤维素靠氢键缔和交结成的片状物，用于书写、印刷和包装等用途的材料。”[②]

（11）日本专家南种康博认为“纸是以植物纤维为必要原料，于水中使之结合，干燥后恢复弹性，并将纤维黏着在一起，成为具有薄片形状和一定强度的物质”。南种康博对纸的定义除了前述要点，还着重强调了干燥（晾晒焙干）的工艺过程以及有一定强度（交织纤维）的性能。[③]

以上定义基本上可以分为两类，一类是以王菊华、戴家璋为代表的纸史研究专家，他们更多地考虑了造纸的工艺，主要针对的是现代抄纸法造纸来定义的。但是实际的研究过程中，过多突出一些特征的定义就会产生争议。例如，将使用帘抄纸的步骤，认为就是在纸上留下帘纹，如果依此来定义的话，考古发现的西汉早期纸和现存民间的浇纸法造出的纸，由于没有切断、表面无帘纹，就不符合此定义中纸的特点了；而另一类则是以达德·亨特、潘吉星为代表，他们在给纸下定义时考虑全面、见多识广，并没有用现代造纸工艺的步骤去套，例如压榨、烘干等，而是充分考虑到了历史上各时期各种情况的纸，是一个比较周全的定义。因此，在实际的研究中，若过多地强调突出其中的某一特点，可能会产生完全不同的思路，纸张定义的侧重方向不同就会直接影响造纸术起源研究的争议。

---

① Dard Hunter. Papermaking：The History and Technique of an Ancient Craft, znd de., PP. 4-5（New York：oover, 1978）.

② 潘吉星：《中国造纸史》，北京：上海人民出版社，2009年，第5页。

③ [日]南种康博：《日本工业史》，东京：东京地人书馆，1943年，第34页。

综上所述，传统意义上所谓的纸，必须是以植物纤维为原料，经过人工机械化学作用，使植物纤维之间充分络合，增强粘合附着的能力，然后与水配成浆液，经多孔模具帘滤去水，干燥后形成具备一定强度的纤维交结成的薄片，作适用于书写、印刷、绘画、包装等用的材料。这个定义基本上适用于古今中外的一切纸，被学术界普遍接受。因此它必须具备以下四项要素：

一是原料：必须是植物纤维，而非丝纤维或者人造纤维；

二是制作过程：由植物纤维原料经提纯、物理分散、配浆、抄造以及干燥成型等步骤而成的纸，没有经过这些工序、通过其他方法的则不能称为传统意义上的纸；

三是外观形态：表面较为平滑、体质柔韧，由分散纤维按不规则方向交接而成，纤维分布较匀，整体呈薄片状（纸板除外）；

四是功能用途：书写、包装、印刷、绘画等。

总而言之，只有以植物纤维为原料，体现了整套的造纸工艺、操作方法和制备原理，具有一定使用功能的时候，才能称其为真正的纸。

二、古纸的功能用途

近世以来一系列的考古发现证明，早在蔡伦之前古人就已经掌握了用麻类植物纤维进行造纸的技术。面对这些古纸，我们不禁要问，这些纸是做什么用的？

我们知道，在纸没有成为主要书写材料前，古人用于文字记录的材料除了龟甲兽骨和金石，还有竹木简牍和缣帛等。至东汉和帝元兴元年（105 年）时，蔡伦改进造纸技术并造出了适合于书写的纸后，纸张逐渐代替简帛等材料成为古人最主要的书写材料。

一直以来，人们普遍的观点是，古人发明纸的动机在于寻找一种更经济更实用的可以替代简、帛的书写材料。也就是说纸的出现乃是古人为了满足书写的需要。这种观点很大程度上是受了《后汉书》关于蔡伦造纸记载的影响。范晔在《后汉书》中讲到蔡伦造纸时说“自古书契多编以竹简，其用缣帛者谓之为纸。缣贵而简重，并不便于人。伦乃造意用树肤、麻头及敝布、鱼网以为纸”[①]，范晔说得很明白，古人用作书写的缣帛太贵而简牍又太重，这些都不方便人们书写，于是蔡伦造出了适合于书写的纸。

我们不禁要问，是不是在蔡伦造纸之前就已经出现了适合于书写的纸呢？考古发现告诉我们，的确早在蔡伦造纸之前就已经有了古纸。只是这些古纸最初的用途很可能不是替代简帛以满足书写的需要，而是最先尝试作为包裹物品的材料。

敦煌市悬泉置遗址出土的数百张残古纸中有 10 片残纸上书写有字，有 7 张属西汉、两张属东汉，一张属西晋时期。其中属西汉时期的 3 张古纸上分别隶书“付子”“细辛”“远志”等药名。根据纸的形状和折叠痕迹，估计为 3 张包药用纸。直到今天中药铺仍以牛皮纸等包药材，可谓源远流长。

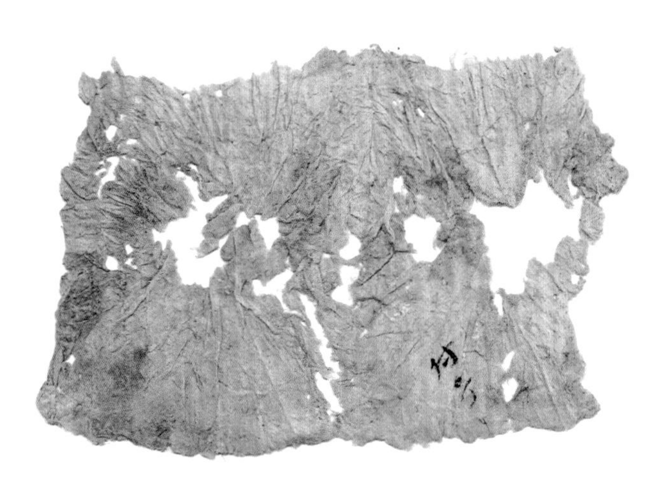

图 2-4　“付子”纸

① [南朝宋]范晔：《后汉书》卷78《蔡伦传》，中华书局标点本，1965年，第2513页。

另一张属西汉时期的残纸上有草书“□持书来□致啬□”等字。

东汉时期的一张古纸上有隶书“巨阳大利上缮皂五匹”。

从以上书写有文字的纸来看，这些纸实际上是已经可以用墨进行书写的材料了，但是我们认为，这些纸的最初用途应该是用于包裹物品之用，这些写在纸上的“□持书来□致啬夫□”和“巨阳大利上缮皂五匹”等文字都是在包裹好后题写于纸上的文字说明，而并不属于官私文书。

晋代张澍《三辅故事》记载：“卫太子为大鼻。武帝病，太子入省。江充曰：‘上恶大鼻，当持纸蔽其鼻而入。’”此卫太子是卫夫人所生太子刘据，死于巫蛊之祸。江充为武帝宠臣，其“持纸蔽其鼻”之事，时间为太始四年（前 93 年），早《后汉书》记载蔡伦造纸（105 年）约 200 年。

图 2-5 “巨阳大利”纸

《汉书·外戚传》载，赵飞燕为了毒死因汉成帝怀孕的宫女曹官，指使人给狱中的曹官一个小绿箧，“箧中有裹药二枚，赫蹄书曰”。“赫蹄”其物，颜师古注引东汉末年人应邵曰：“赫蹄，薄小纸也。”赵飞燕以“赫蹄”裹药之事，时间为元延元年（前 12 年），早蔡伦造纸约 100 年。《后汉书·贾逵传》载：“（汉章帝）令（贾逵）自选高才者二十人，教以《左氏》、与简、纸经传各一通。”李贤注曰：“简纸，竹简及纸也。”此事发生于建初元年（76 年），早蔡伦造纸约 30 年。袁宏《后汉纪 · 和帝纪》中有这样的记载：“永元十四年（102 年）冬，十月辛卯，立皇后邓氏……后不好玩弄，珠玉之物不过于目。诸家岁供纸墨，通殷勤而已。”①

当然，我们说人们造纸的初衷是出于包裹物品的需要，但这并不意味着人们不会尝试着在纸上用墨书写文字或绘制地图。如上引袁宏《后汉纪 · 和帝纪》中的记载：“诸家岁供纸墨，通殷勤而已。”此处“纸墨”并记，显然纸已作为书写材料之用了。有更早的如赵飞燕以“赫蹏”裹药在纸上题诏之事，亦说明当时的纸已可以书写墨字。1986 年在甘肃省天水市放马滩汉墓出土一幅纸质地图残片，根据墓葬形制及伴出器物推断，此纸年代当为西汉时期。这张纸质地图的线条清晰可辨，足可以说明至少在西汉时期，所造出的纸已具备了代替简帛作为书写材料的条件。

图 2-6　“持书来”纸

在敦煌马圈湾汉简中有一枚书有“赤蹄”的简（974A/B），其简文如下：

正月十六日，因檄，检下赤蹄，与史长仲，赍己部掾。][为记诧檄检下。

① 袁宏：《后汉纪》卷14，1929年，四部丛刊影印本，第12页。

此简木质，正背面书写。“赤蹄”即“赫蹄”，薄小纸。从简文可知，此“赫蹄”放置于封检之下，“记”即书信，可见这封书信书写于赤蹄之上。据此可推知，至少在西汉后期至东汉初期，人们已在纸上书写书信之类的内容了。纸和书写材料的关系可以这么认为，书写材料最初不是纸，但纸最终成书写材料。

综上所述，早期古纸发明时，初衷不一定为用于书写，而可能是其他用途。与此相应的是20世纪30年代以来考古发现的早期古纸基本上都是奇特的无字纸。回到今天的生产生活中，纸的用途除写字外，还广泛地运用于人们的民俗生活中。

三、造纸术起源之争

蔡伦究竟是造纸术的发明者还是改良者，其争论由来已久。根据文献记载，一般认为是蔡伦于公元105年发明了纸，但唐代的张怀瓘、北宋陈槱、南宋史绳祖则持不同看法。20世纪以来，考古发掘出土了若干纸张文物，尤其以西北地区出土汉代纸张最具代表性，进一步推动了中国造纸术的起源争论。至今已有若干篇关于造纸术起源研究的综述性文章，如刘仁庆的《造纸术起源争鸣记》介绍了新中国成立30多年来，我国史学界、考古界和造纸界围绕着造纸术起源和对蔡伦的评价，开展过3次激烈的争论；潘吉星对1979—2007年中国造纸术发明者争议的过程进行了回顾，而历来学者对于造纸术起源争论的焦点归结起来主要围绕以下两点来进行。

（一）西汉时是否有纸

近代以来，出土了若干蔡伦以前的纸张遗物，众多学者依据考古发掘的科学性、分析鉴定的有效性，充分证实了早在西汉时期就存在纸的制造和使用，即蔡伦前就已出现纸。潘吉星《关于造纸术起源——中国古代造纸技术史专题研究之一》结合文献、考古、古纸化验及技术判断四个方面，综合论述了三个问题：我国在西汉发明了纸；造纸术起源于西汉初期；

蔡伦只是植物纤维纸的监制者、推广者。在《西汉工匠发明了纸》中他再次重申了这个论断。田雨《谈我国古代造纸术的发明》通过文献记载、西汉纸的考古发现、《后汉书》中有关蔡伦传的记载，认为西汉早期就已经出现了纸，蔡伦只是总结前人的经验，是造纸的集大成者；张子高《关于蔡伦对造纸术贡献的评价》以蔡伦前存在丝质纸和麻质纸的考古事实为切入点，结合文献记载和考古发现给出了一个辩证的看法，即蔡伦是造纸新术的发明家，蔡伦既继承了当时劳动人民取得的成就，又创造性地发明了造纸新法；袁翰青《造纸在我国的发展和起源》提出纸是我国劳动人民在西汉时期发明的，蔡伦是造纸术的改良者而不是发明者，这样的说法更合乎历史的真实情况；魏明孔的《蔡伦造纸与丝路考古新发现》认为千百年来流传的蔡伦造纸的说法固然重要，而地下考古发掘的新材料也不可忽视，要对此做出科学的解释，此外，他还对古丝绸之路集中发现纸张遗物的原因从历史和地理两个方面进行了剖析；张德芳《丝路古纸在世界文明史上的地位》经过列举考古出土纸张遗物和历代文献资料记载，证明早在西汉就发明了纸且已被用于书写，与此同时，他还考察了造纸术西传的问题。

（二）蔡伦是纸的发明者还是改良者

造纸术起源于古代中国在国际上有很高的认同度，而蔡伦一直被视为造纸术的发明者。尽管从 20 世纪 30 年代开始，出土了诸多西汉时的考古纸张实物，将造纸术起源的年代不断提前，但一些学者始终坚持蔡伦在造纸发明上的伟大成就和地位不可撼动。如李玉华《蔡伦发明的是“造纸术”》认为考古出土的西汉纸没有一件是符合造纸术工艺要求的，而且也找不到历史文献根据，因此 20 世纪的考古发现不能否定蔡伦发明造纸术这一命题；陈淳的《西汉纸的“质疑”》侧重辩证西汉纸出土地层的可靠性、字形书法以及发明产生的一般规律，对西汉纸的年代和真实性提出了质疑；王菊花的《尊重历史　尊重科

学　实事求是　专家谈蔡伦发明造纸术》中对纸史、考古相关领域专家进行了访谈，专家们从不同角度分享了对蔡伦发明造纸术的见解；段纪刚的《论蔡伦发明造纸术的社会认同》从造纸术发明之时的官方态度、学术界的认知、地方史志的记载、地方习俗及民间舆论等几个方面，再次论证了蔡伦是造纸术的发明者，即所谓蔡伦之前的西汉就有纸的说法证据不足；曹天生《造纸术发明者蔡伦：论争与认识意义》在厘清“发明”一词概念的基础上，依据多种文献对造纸术发明问题进行了辨析，最后得出“蔡伦是造纸术发明家”的结论，并提出了由此而引发的关于学术研究的认识论意义；毕青的《何谓纸？中国造纸史上的“古纸”与“今帋”》还通过分析《后汉书·蔡伦传》《董巴记》《晋书》等文献史料中关于“纸”字的记述认为西汉的纸应为丝纸而非麻纸，而且只有蔡伦发明的纸才能称得上真正的纸。

第三节　从出土古纸看两汉魏晋时期的造纸技术

对于中国造纸术起源于何时、何地、何人，长期以来，人们根据《后汉书·蔡伦传》中的记载，一般认为东汉宦官蔡伦在公元105年发明了纸张，以此作为造纸术的起源。然而，20世纪以来，随着中国考古学的兴起，陆续在古丝绸之路沿线发现了疑似西汉时期的麻纸，改变了人们以往的固有认知，为解决造纸术起源这个长期饱受争议的问题带来了新的曙光。1933年，考古学家黄文弼在新疆罗布淖尔汉烽燧遗址发掘出土一块麻纸，依据同一考古遗址出土的纪年简牍断定此纸属于西汉时期，比蔡伦造纸早了154年。消息一经报道，立即就在国内外学术界掀起了轩然大波，专家学者纷纷对造纸术的起源问题发表了不同的看法。此后近70年间，中国西北的甘肃、陕西、新疆等地相继出土了大量西汉和东汉时期的古纸和魏晋纸张共13批次（见表2-1），将中国造纸术起始的年限不断提前。在西北地区陆续出土数量如此之多的汉代古纸绝非偶然。首先，这与西北地区干燥少雨的气候为文物营造的优良埋藏环境密不可分，使其深埋地下千年不腐；其次，因当时地处于汉王朝管辖区域以及中西方文明交流的必经之路，纸的出土也似乎在情理之中。汉代是中国造纸史的开端，造纸术起源、造纸技术的发展、纸功能用途的演进都在这批出土的纸张文物上有所体现，因此对其进行研究具有重要的学术价值。

一、颇具争议的西汉纸

1933年至2002年，西北地区累计出土汉代纸张13批次，其中西汉古纸9批次，以1986年甘肃天水放马滩西汉墓所出文景时期的纸地图年代最早。一直以来，关于西汉古纸的认知未能达成共识，充满争议。

（一）罗布淖尔纸

1933年，考古学家黄文弼先生作为西北考察团成员到罗布淖尔进行考古调查，发现了一块植物纤维纸，据黄先生当时的记载："麻质，白色，作方块薄片。四周不完整。长约4厘米，宽约10厘米。质甚粗糙，不匀净，纸面尚存麻筋。盖为初造时所作，故不精细也。"根据同出的纪年简可断定其年代约为公元前49年，比蔡伦造纸早了100余年。黄文弼还写道："西汉时已有纸可书矣。今余又得实物上之证明，是西汉有纸，毫无可疑，不过西汉的纸较为粗糙，而蔡伦所作更为精细耳。"[①]他着重谈到了两个时期纸张的关系，并未否认蔡伦在造纸上所做的贡献。但是很可惜，此纸在第二次世界大战中毁于战火，并没有来得及做科学的分析鉴定。

（二）查科尔帖纸

1942年秋天，劳榦和石璋如到居延考察，在额济纳河沿岸查科尔帖（北纬40°58′26"，东经100°13′30"）贝格曼曾经发现过《永元器物册》的地方，发现了一张汉代的有字纸。"这张纸已经揉成纸团。在掘过的坑位下，藏在未掘过的土里面。"当时的劳干认为，此地出土过《永元器物册》，故该纸的年代应该在东汉永元年间（89—104年）。[②]其实这只是古纸的年代下限，至于上限，可能还要早得多。后来劳干在为钱存训《书于竹帛——中国古代的文字记录》写的后序中进一步指出："当我做那篇《论中国造纸术的原始》的时候，把时代暂时定到永元十年（98年）的前后，这只能是那张纸的最晚的下限，再晚的可能性不太大，而较早的可能性还存在着。因为居延一带发现过的木简，《永元兵物册》是时代最晚的一套编册，其余各简大多数都在西汉时代，尤其是昭帝和宣帝的时期。如其讨论居延纸的时代，下限可以到永元，上限还是可溯

---

① 中国西北科学考察团丛刊之一，黄文弼《罗布淖尔考古记》，北平：国立北京大学出版部，1948年，第168页。

② 详见劳榦《论中国造纸术之原始》：《历史语言研究所集刊》第十九册，北京：中华书局，1987年影印版。

至昭、宣（前86—前49年）”。[1]

（三）西安灞桥纸

1957年5月在陕西西安东郊灞桥砖瓦厂工地古墓遗址发现出土了一批文物。在清理文物时发现青铜镜下有麻布，布下有纸，均带有铜锈绿斑，最大的一片有10平方厘米，其颜色泛黄、质地细薄匀称，并含有丝质的纤维。[2]

潘吉星最早于1964年和1965年先后两次对纸样进行化验。在《世界上最早的植物纤维纸》一文中，潘先生将纸样在显微镜下放大后，看到纸质粗糙、呈浅黄色、表面有较多纤维束，即未松散的麻筋。他认为虽然灞桥纸纤维帚化程度较低，但仍可鉴定为粗糙的麻纸；次年，潘氏又对此纸样品做了高倍显微分析，结果显示，灞桥纸的原料主要为大麻纤维，间亦混有少量苎麻；随后发表的《谈世界上最早的纤维纸》中，他又补充论证了这个结论；刘仁庆、胡玉熹的《我国古纸的初步研究》，用显微镜比较观察的方法确定了造纸的主要原料，并首次运用激光纤维光谱分析技术对灞桥纸的造纸工艺进行了探析，证明西汉时制造纸浆采用了石灰发酵沤麻方法。

1980年王菊华、李玉华的《关于几种汉纸的分析鉴定兼论蔡伦的历史功绩》公布了对灞桥纸的取样分析结果，他们认为灞桥纸纸质结构松散，纤维呈定向排列、无分丝帚化现象，是乱麻、线头等的堆积物，因而不能称为纸；同年，为了核对上述结论，许鸣岐的《考古发现否定了蔡伦造纸》对灞桥纸做了系统化验，测得大部分纤维长0.33～1.4毫米，平均宽18微米，并有明显分丝帚化及异向排列现象，可称得上为纸，

---

① 钱存训先生于1975年在香港中文大学出版社出版的《中国书史（又名〈书于竹帛〉）》、1988年在北京印刷工业出版社出版的《印刷发明前的中国书和文字记录》、2004年在上海书店出版社出版的《书于竹帛-中国古代的文字记录》，均载有劳榦先生的这篇后序。

② 田野（程学华）：《陕西灞桥发现西汉的纸》，《文物参考资料》1957年第7期。

而非“纤维堆积物”；1981年，潘氏又联合几位科学工作者对20世纪80年代以前发现的四批西汉古纸进行系统化验，亦证明灞桥纸是纸；随后，王菊华、李玉华发表的《再论“灞桥纸”不是纸》重新论证灞桥纸没有经过打浆和悬浮、抄纸等工序，因此不能称为纸；1989年，为了回应轻工部造纸局及中国造纸学会纸史委员会调查组的《关于“灞桥纸”的调查报告》，潘吉星撰文《灞桥纸不是西汉植物纤维纸吗？》，澄清了《调查报告》中不符事实的情节，并从多角度阐述了他所坚持的造纸术早于蔡伦。

表2-1　1933—2002年西北地区出土汉晋古纸情况统计表

序号	纸名	出土时间	出土地点	数量	考古断代	字迹墨迹	现收藏单位或流向
1	罗布淖尔纸	1933年	罗布淖尔古烽燧亭	1	西汉	无	二战期间毁于战火
2	查科尔帖纸	1942年	居延查科尔帖遗址	1	西汉	七行五十余字	“中央研究院历史语言研究所”
3	灞桥纸	1956年	西安灞桥区西汉墓葬	1	西汉	无	陕西历史博物馆
4	尼雅纸	1959年	新疆尼雅遗址	1	东汉	无	新疆维吾尔自治区博物馆
5	肩水金关纸	1973年	肩水金关遗址	2	西汉	无	甘肃省博物馆 甘肃简牍博物馆
6	旱滩坡纸	1974年	甘肃武威旱滩坡东汉墓	若干片	东汉	残存墨迹，“青贝”二字清晰可辨	中国国家博物馆

续表

序号	纸名	出土时间	出土地点	数量	考古断代	字迹墨迹	现收藏单位或流向
7	扶风中颜纸	1978年	陕西扶风县中颜村汉代遗址	发现时成团，展平后有若干片	西汉	无	陕西扶风县博物馆
8	马圈湾纸	1979年	敦煌马圈湾遗址	5件8片	早至西汉宣帝，晚至王莽时期	无	甘肃简牍博物馆 敦煌市博物馆 中国国家博物馆
9	放马滩纸	1986年	天水市放马滩西汉墓葬	1	西汉	纸表面有用墨迹绘制的成线条“地图”	甘肃简牍博物馆
10	伏龙坪纸	1987年	兰州市伏龙坪东汉墓	3	东汉	均有墨书	兰州市博物馆
11	悬泉纸	1990年	敦煌悬泉置遗址	460余件	西汉、东汉、西晋	有文字纸10件，汉纸9件，晋纸1件	甘肃简牍博物馆
12	玉门关纸	1998年	小方盘城遗址	4	西汉	仅一张有字，残存4行29字	敦煌市博物馆
13	晋律纸	2002年	玉门市毕家滩墓地	1	西晋	有墨书	甘肃省文物考古研究所

在其他研究方面，荣元恺《试论“灞桥纸”的断代》从墓葬根据、入土年限、同出器物的关系等多个方面出发，对灞桥纸的断代提出质疑；陈启新的《还“灞桥纸”的本来面目》从考古、历史文献及造纸工艺等

诸多方面进行了探讨和考证；齐永胜等的《关于灞桥纸及其对纸和非织造材料的影响》以灞桥纸为研究对象，侧重介绍灞桥纸的成型工艺，并论证了灞桥纸对造纸和湿法成网非织造技术的影响。

（四）肩水金关纸

1973—1974 年夏秋季，甘肃居延考古队对破城子、甲渠塞第四隧和肩水金关等三处汉代遗址进行初步发掘，获得遗物 2300 余件，简牍 19 637 枚，其中在编号为 EJ 的肩水金关遗址发现珍贵的麻纸 2 件，在年代上分别早于蔡伦纸约 150 年和 100 年。最大的一片长 21 厘米，宽 19 厘米，色泽白净，薄而匀，一面平整，一面稍起毛，质地细密坚韧，含微量细麻线头；另一片长 11.5 厘米，宽 9 厘米，暗黄色，似粗草纸，含麻筋、线头和碎麻布块，较稀松。纸张的年代按同一探方内所出纪年木简而定。[①]

1979—1981 年间，王菊华和李玉华、许鸣岐、潘吉星等人分别对肩水金关纸进行了分析化验，得出了两种截然不同的结论。王菊华、李玉华于 1979 年对肩水金关纸做了外观和纤维形态的分析及观察小片样（EJT30 ： 03）呈暗黄色，结构松散，表面粗糙，纸中含较多的麻筋、线头碎布片等，纸面无任何抄帘纹或抄纸模留下的痕迹，在显微镜下观察，纤维无明显的舂捣分丝帚化现象，因此不能以纸定论。大片样（EJT1 ： 011）色较白，白度约 40%，纸质粗糙，表面明显可见麻段线头，结构松散，纸面凹凸发毛；显微镜下观察，纤维有明显的扁塌现象，纤维和纤维间的结合紧密程度随部位和正反面而异，有的部位较紧，有的较松；纤维分散不好，匀度不好，纤维束较多，同向排列的纤维亦较多，无任何帘纹等抄纸现象；从纤维形态看，纤维柔软，原料为大麻类纤维，有明显的分丝帚化现象，已帚化的纤维占纤维总数的 30% ~ 40%，微纤维较长。据此王

① 初仕宾：《居延汉代遗址的发掘和新出土的简册文物》，《文物》，1978年第1期，第1-25页及第98-104页。

氏认为，肩水金关纸是由本色的废旧麻絮、绳头、线头、布头和少数丝质纤维等制成，因其质地粗糙松弛，表面凹凸不平，并起毛，不宜作为书写材料。但由于其经历了打浆和纤维切断的基本工序，可以算作纸的雏形，或可称其为原始纸。①

1980 年，学者许鸣岐对金关纸做了分析鉴定，他认为肩水金关纸质优良，可作为书写用纸，并测得厚度 0.25 毫米、白度 40%、纤维平均长 1.03 毫米、纤维平均宽 19μm、紧度 0.26g/cm^3、定量 63.8g/m^2；②紧接着，潘吉星等人的《对四次出土西汉纸的综合分析化验（1981.3）》得出了与许氏一致的结论，在化验结果上也较为接近，测得厚度 0.22mm、白度 40%、纤维平均长 2.19mm、纤维平均宽 18.7μm、紧度 0.28g/cm^3、定量 61.8g/m^2。③

（五）陕西扶风中颜纸

1978 年 12 月，陕西扶风县中颜村汉代建筑遗址出土窖藏纸，考古发掘报告中这样描述："原来是揉成一团的纸张，经展平，最大的一块，面积 6.8 厘米 ×7.2 厘米。其余几块大小不等。"④

1998 年时，潘吉星曾做过化验认为，"中颜纸呈白色，质地较细，显微镜下检验其原料为麻纤维，纤维细胞已遭破坏，帚化度较高"，"年代上限为宣帝（前 73—前 49 年）时期，下限为平帝（1—5 年）时期"。⑤王菊华于 2005 年在显微镜下观察，认为："纤维结合情况较居延纸略紧密，

---

① 王菊华等：《从几种汉纸的分析鉴定试论我国造纸术的发明》，《文物》，1980年第1期，第78-85页。

② 许鸣岐：《考古发现否定了蔡伦造纸张》，《光明日报》，1980年12月。

③ 潘吉星等：《对四次出土西汉纸的综合分析化验（1981.3）》，《中国造纸》，1985年4月第2期，第56-59页。

④ 罗西章：《陕西扶风中颜村发现西汉窖藏铜器和古纸》，《文物》，1979年第9期，第17-20页。

⑤ 卢嘉锡总主编、潘吉星著：《中国科学技术史（造纸与印刷卷）》，北京：科学出版社，1998年，第60页。

但孔隙度仍然较大。纤维形态与居延纸近似，亦为大麻类纤维。纤维打浆程度略高于居延纸，洗涤情况很差，有许多泥土，有的与纤维扭结成团或分散在纸的组织中，或成为泥沙层浮于纸面上，纤维分散度差，无帘纹。”①李晓岑通过两次考察认为中颜纸表面粗糙、厚纸类型、纤维分布不匀、无帘纹，与浇纸法生产的纸张外观特征是一致的。对中颜纸样品进行纤维分析表明其原料为苎麻，其单面含有大量致密的颗粒物，推测进行了加填料处理。这种浇纸法造纸工艺目前在中国傣族、藏族等少数民族中还保留着，但原料已改变为用构皮或狼毒草，不再采用麻纤维作为原料。②

（六）敦煌马圈湾纸

1979 年，甘肃省博物馆文物队与敦煌县文化馆组成的汉代长城遗址调查组对位于敦煌县西北 95 千米的马圈湾遗址进行试掘，发现遗物 337 件，其中有麻纸 5 件 8 片。考古发掘报告中写道：“早期纸呈黄色，质地粗糙，麻纤维分布不均匀，同出纪年简，最早为宣帝元康，最晚为甘露。中期纸呈白色，质地较细匀，同出纪年简，多为元、平时期。晚期纸呈白色，质地细匀，已具备麻纤维纸的一切基本要求和功能。此纸出土于堡内 F2 上层的烽燧倒塌废土中，应为王莽时物。”③

1981 年，潘吉星对马圈湾纸进行了全面分析，测得马圈湾纸厚 0.29mm、白度 42%、纤维平均长 1.93mm、纤维平均宽 18.18μm、紧度 0.29g/cm^3、定量 95.1g/cm^2。据此，潘氏认为马圈湾纸是西汉时可书写的纸张；④同一时期，学者王菊华和李玉华也做了分析鉴定，结果表明：马圈湾出土的古纸，纸质互不相同，有的出现了明显的纸结构，对编号为 79DMT2

① 王菊华等：《中国古代造纸工程技术史》，太原：山西教育出版社，2005年，第63页。

② 李晓岑：《陕西扶风出土汉代中颜纸的初步研究》，《文物》，2012年第7期。

③ 甘肃省博物馆：《敦煌马圈湾汉代烽燧遗址发掘简报》，《文物》，1981年第10期，第1-8页面及第97-99页。

④ 潘吉星等：《对四次出土西汉纸的综合分析化验（1981.3）》，《中国造纸》，1985年4月第2期，第56-59页。

甲样、79DMT9甲样两个纸样进行观察分析后，认为在其制作工艺上出现了加填、涂布工艺，推断应为东汉晚期乃至东汉以后年代的产物。另外，他们还根据古纸的埋藏深度和所见附着的淀粉粒现象认为此纸不能断定为西汉纸。①

（七）天水放马滩纸

天水放马滩汉纸本地图为纸本地图残片，也称为“放马滩纸”，1986年出土于甘肃天水放马滩5号汉墓，残长5.6厘米，宽2.6厘米。据考古发掘报告记载：“纸本地图位于死者胸部近肩处，由于与泥土粘连，出土时残破成碎块，大多数不能提取，幸存此件。纸质薄而软。刚出土时呈浅黄色，干燥后黄色稍褪。纸面粘有黑色斑点，不易去掉。纸面平整、较光滑。用细黑线绘制出山、河流、道路等地形，绘法接近长沙马王堆汉墓出土帛画。从图线的曲直、粗细和行笔看，为硬笔所绘，与一号秦墓木板地图有明显区别。”②纸质经中国科学研究院自然科学史研究所鉴定化验，为麻类植物纤维。这是迄今为止唯一经过科学考古发掘出土于古墓葬的西汉早期纸张。现藏甘肃简牍博物馆。

关于天水放马滩纸本地图制作材料以及是否可称为纸，多年来存在很多争议。这些争论的点集中在造纸原料的鉴定和造纸工艺的差别。

首先，关于造纸原料，有专家认为天水放马滩纸本地图的制作原料并非麻类植物纤维，而是丝絮，因而不能称为纸。最初，纸质经中国科学研究院自然科学史研究所鉴定化验为麻类植物纤维，之后又有李晓岑等专家通过科学检测和分析，认为天水放马滩纸本地图的原料为麻类植物纤维无疑。

其次，从放马滩纸本地图从造纸工艺来看，纸张表面没有帘纹，色

① 王菊华：《二十世纪有关纸的考古发现不能否定蔡伦发明造纸术（2）》，《文物保护与考古科学》，2002年第2期，第37-43页。

② 甘肃省文物考古研究所：《天水放马滩秦简》，北京：中华书局，2009年，第158页。

较黄，纤维分布不均匀，这些特征因与蔡伦所使用的抄纸法制作的纸张不同而被质疑是否为纸。早期纸张多运用浇纸法制作，这种工艺所制作出来的纸张与运用抄纸法制作的纸张不同，薄厚会不够均匀，并且不出现帘纹。造纸工艺的不同体现的是造纸技术的改进，而不能成为判断是否为纸张的标准。

由此我们可以看出，天水放马滩纸本地图在中国造纸史上有着极为珍贵的价值，特别是在纸张上绘制地形图，使它既是目前已知世界最早的纸，也成为目前已知最早的纸本地图。

近两年来，我们以与故宫博物院、复旦大学等单位合作的纸张文物认知课题为契机，运用超景深显微镜对放马滩纸地图做了大量的分析观察，可确定其原料为麻类纤维，表面未见明显帘纹，纤维分布不均，为浇纸法所造纸。纸张表面有填料，且纸上的墨迹浅而疏，可能是运用天然材料。而且从伴随相关出土的文物来分析，以及与同墓葬所出的木板地图绘制方法相一致的情况来看，其应属于西汉早期的麻纸，基本上可确定为世界上已知最早的麻纸。

（八）悬泉古纸

1990—1992 年，在敦煌悬泉置遗址出土有字汉简 23 000 余枚、其他文物 35 000 余件、有字纸品 10 片、其他无字纸 460 件。王菊华曾分别于 1992 年 9 月和 1993 年 9 月两次到敦煌的发掘现场和兰州的甘肃考古研究所，对 16 张实物样品进行镜下观察。她得出的结论是："这里出土的纸状残片，不能认为都是汉代麻纸，不能认为其中一定有'西汉麻纸'……悬泉置遗址地处风库位置，自然条件变动大，一年四季狂风怒吼，飞沙走石。而且遗址又历经水淹、火烧，先后多次整修、扩建。在这种情况下遗址废弃物不可能形成很规则的文化层，应作动态分析，不能完全依据出土层位进行纸的断代。把与纸共存的文化层中的纪年简牍作为残纸断代的根据，这不一定靠得住……从出土残纸片的质量和成分看，部分断代为

‘西汉麻纸’的残片，具有了造纸较成熟时期的工艺水平，如施胶、染潢、涂布等，纤维成分也不都是麻，有树皮和草浆等的应用，这些技术不可能出现在西汉时期。这表明出土器物的文化层有混乱，悬泉出土纸状残片不能说明西汉有纸。这些纸片可能都是东汉以后和魏晋时期遗物。”总之，“悬泉460余件纸残片的发现，不能作为否定蔡伦发明造纸术的依据”①。

2010年科技史专家李晓岑到兰州，对49片悬泉古纸进行观察鉴定，却得出了完全不同的结论：“这些早期纸的原料主要是麻，较厚，表面粗糙、纤维不均、无帘纹，绝大多数是用浇纸法制造的，很多纸的制作工艺表现出明显的原始性。但也出现了一些加有填料的古纸，表面光滑，技术上相对进步。少数古纸较薄，有帘纹，纤维分布均匀，是抄纸法制造的，发现于悬泉置遗址的晚期层位中。当时已用墨在纸面上书写，但只作为书写的辅助工作，字纸的比例并不大。在对4片不同层位出土的悬泉古纸进行纤维的显微分析中，初步发现有3片的原料为苎麻，1片为大麻，均是淀粉施胶或淀粉滑石粉涂布的加工纸，是目前发现汉代已有加工纸的最早记录。”②此后，李晓岑、王辉、贺超海发表的文章进一步指出：“根据简牍的纪年对甘肃悬泉置遗址出土古纸各层位的时代进行分析，发现悬泉置遗址的第3层和第4层的简牍均为西汉纪年，应为确切的西汉层位，没有受到东汉层位遗物的扰乱，说明这两个层位出土的古纸也应该是西汉时期的古纸。这证实了中国在西汉时期已发明了纸和造纸术的历史事实。通过对各层位纸张进行分析，认为早期的西汉纸均为浇纸法生产，使用麻类纤维，说明中国造纸术起源于浇纸法造麻纸。”③

---

① 王菊华等：《中国古代造纸工程技术史》，太原：山西教育出版社，2005年，第75-76页。

② 李晓岑：《甘肃汉代悬泉置遗址出土古纸的考察和分析》，《广西民族大学学报（自然科学版）》，2010年第4期，第7页。

③ 李晓岑，王辉，贺超海：《甘肃悬泉置遗址出土古纸的时代及相关问题》，《自然科学史研究》，2012年第3期，第227-287页。。

（九）玉门关纸

1998年，为配合小方盘城的加固维修，敦煌市博物馆对小方盘城周围进行了小范围发掘，出土汉简381枚，出土其他文物100多件，同时出土4片麻纸，其中1片有30个字。所出简牍为西汉后期之物。最早的纪年简为汉宣帝甘露二年（前52年），最晚为汉平帝元始四年（4年），跨越半个多世纪。所出麻纸比较粗糙，有30个字："陵叩头再拜言/君夫人御者足下毋/不审至不陵不=□□/从者景地惠大奴。"墨迹如新，隶体书写。学者张德芳、石明秀倾向于该纸为西汉后期之物。目前，还未见有人对玉门关纸进行分析化验，有待未来进一步研究。①

综上所述，以上古丝绸之路沿线省份出土的西汉古纸，都有一个共同的特点，那就是其造纸原料大都为麻类纤维，纸面较厚，表面粗糙，大多数未见抄纸法特征的帘纹，这说明并没有经过压榨、抄纸等步骤。因此这些要素不符合抄纸法造纸的工艺特征，但却符合浇纸法的工艺特征。无独有偶，这些古纸的外观和技术要素普遍与在民族地区调查时见到的浇纸法产品相符，由此我们可以推断，最初的纸张应是浇纸法制造的。浇纸法是西汉时期成熟运用的一种主流造纸方法。

二、纸质优良的东汉纸

据《后汉书·蔡伦传》的记载，蔡伦采用树皮、麻头、敝布、鱼网等植物纤维为原料造纸，并于元兴元年（105年）将该类纸进献给汉和帝，自此以后，蔡伦所造之纸得到广泛应用，天下都称其为"蔡侯纸"。这就是说蔡伦在公元105年对当时已有的造纸技术进行了重大改进，使纸张的性能提高，从而被人们广泛使用。也正因如此，和帝才夸赞蔡伦对造纸技术的改进，人们才把采用了蔡伦的造纸技术所造出的纸称作"蔡侯纸"。

① 张德芳，石明秀：《玉门关汉简》，上海：中西书局，2019年，第289页。

由于早期的丝纤维以及植物纤维不仅原料稀缺、造价昂贵，而且质地粗糙、不宜书写，因此未能得到广泛地推广运用。到了东汉和帝时代，蔡伦吸取前人和皇室作坊能工巧匠的经验，采用麻头、树皮、渔网、破布等廉价的植物纤维原料，用简单可行的造纸工具，造出质量精良的纸张，天下咸称“蔡侯纸”。到建安时期，左伯再度改良纸张，纸的质量更进一步提高，使用范围也进一步扩大。

造纸原料成本降低，技术进步，到东晋时，纸张质量大大提高，而且可以大批量生产。到东晋末年，桓玄明令废除竹简，一律以黄纸代之，成为由政府下令用纸的开端。在随后的千余年历史中，手工纸张生产工艺不断完善，形成麻纸、皮纸、竹纸、混料纸、草纸等许多品种，许多工艺方法流传至今，纸张逐渐取代了竹简、缣帛成为文字的主要载体，人们对纸有了清楚的认识和符合实际的评价，“纸有纸草之便而不宜破裂，有竹木之康而体积不大，有缣帛羊皮之软而无其贵，有金石之久而无其笨重，白纸黑字一目了然”[①]，形象准确地概括了纸张与其他书写材料相比的优越性。蔡伦创造的造纸新法，不仅为我国的造纸工艺开辟了广阔前景，同时也为人类文明的进步作出了不可磨灭的贡献，促成“纸”成为世界公认的我国古代四大发明之一。

汉代是中国造纸史的开端，我们既能看到西汉时期纸面粗糙、造纸工艺尚未成熟的麻纸，也能见到东汉时期工艺质量更加优良且宜于书写的加工纸。20 世纪 70 年代以来，西北地区出土了 3 批次东汉古纸，得到学术界的普遍认同。

（一）新疆尼雅纸

1959 年，在新疆民丰县以北的塔克拉玛干沙漠中，发掘了一座东汉时期夫妻合葬墓，墓中出土器物丰富。其中有一个黄绸小包，内有朱粉

① 张秀民：《中国印刷术的发明及其影响》，上海：上海人民出版社，2009年，第9页。

少许，还有纸张一小块，揉成一团，大部分涂成黑色，长 4.3 厘米，宽 2.9 厘米。该纸张现藏新疆维吾尔自治区博物馆，为国家一级文物。①

学者李晓岑于 2014 年对这张尼雅纸进行了鉴定分析，他对这张尼雅纸进行了取样，先进行纸张外观观察，再用纤维分析仪进行分析。鉴定结果表明：首先，尼雅纸所用造纸原料纤维特征说明其采用浇纸法生产，与甘肃悬泉纸、陕西中颜纸等汉代早期纸工艺一致，具有明显的原始性；其次，尼雅纸表面经过染色，是迄今发现的最早的染色纸；再次，尼雅纸作为东汉古纸，这说明当时浇纸法产品已传入新疆地区。②

（二）武威旱滩坡纸

1974 年，甘肃省武威县旱滩坡一座东汉墓中出土带字东汉残纸若干片，纸质细薄，纤维组织较紧密，分布均匀。此纸原作三层，用木条分别钉架在木牛车两侧边軨，并沿舆外侧栏至舆底，粘贴于辕杆上。出土时纸已裂成碎片，最大片长宽均为 5 厘米。因长期老化，外观呈淡褐色，其中两片残存部分呈白色。淡褐色纸较脆，而白色纸较柔软。纸上留有文字墨迹，大部分字形较长，笔画粗壮。因纸已碎裂，所以文字多不完整，仅个别纸片上有行书小字的墨迹清晰可见。

潘吉星于 1977 年对旱滩坡纸做了外观形态观察及显微分析研究。用自动厚度计测得其厚度为 0.07 毫米，相当于现代一般机制原稿纸（40 克 / 米^2）；经光学显微镜检查，原料是麻类纤维，镜下可辨的有大麻纤维。以碘氯化锌溶液染色，纤维呈酒红色，有一部分呈黄色。在显微镜下观察，纤维帚化度相当高，细胞已遭破坏；在放大镜下观察，纤维交结匀细，大纤维束少见，纸质紧密，透眼少。纸样裂成小碎片，看不清帘纹痕迹。潘氏还将旱滩坡纸与灞桥纸做外观形态及物理结构的技术对比，认为肉

① 李遇春：《新疆民丰县北大沙漠中古遗址墓葬区东汉合葬墓清理简报》，《文物》，1960年第6期，第5-6+9-12页。

② 李晓岑：《新疆民丰东汉墓出土古纸研究》，《文物》，2014年第7期，第94-96页。

眼就可以看出旱滩坡纸质量较高。[①]

同一时期，王菊华、李玉华在潘吉星的化验基础上做了进一步鉴定，他们认为此纸不是一般的纸，而是单面涂布的加工纸，涂层细而平，十分均匀，涂料颗粒也很匀细。他们还从纸的结构和特性出发，认为当时的工艺技术除了在洗、沤、舂、抄等工序上做到精工细作，还加入了压榨和平面干燥等步骤。此外，从纤维的长度和分散均匀度看，很可能已经开始使用悬浮剂和胶料，并且在设备和加工技巧上已达到一定的精度；对涂料的显微分析也表明当时已经在使用胶料了。

（三）兰州伏龙坪纸

1987年11月15日，《兰州晚报》刊登了《兰州出土写有文字的东汉纸》一文，记者陈华最早对兰州伏龙坪出土的东汉纸的情况进行了介绍："1978年在甘肃兰州伏龙坪东汉墓出土古纸，纸上墨书文字，字体在楷隶之间，字数较多，可辨识者有'妇悉履……奈何当奈何……。'"[②]据实地考察，其纸面较白，纸质粗糙，为厚纸类型，无帘纹，应为浇纸法生产的产品。该张书写字数较多，书法飘逸，具很高的价值，现藏于兰州市博物馆。1988年该纸进京委托国家博物馆专家进行化验鉴定，鉴定结果表明此古纸由木质纤维构成，据此也侧面说明了在这个时期造纸原料发生了很大的变化。[③]

三、魏晋时期的造纸术

三国两晋以后，是中国造纸术的提高阶段。东晋元兴二年（403年），《太平御览》卷六〇五《桓玄伪事》中记载有"以纸代简"令："古无纸，故用简，非主于敬也。今诸用简者，皆以黄纸代之。"用政令的形式推广

---

① 潘吉星：《谈旱滩坡东汉墓出土的麻纸》，《文物》，1977年第1期，第62-63页。

② 陈华：《兰州出土写有文字的东汉纸》，《新闻知识》，1988年第7期，第19页。

③ 郑炜：《兰州伏龙坪东汉墓出土墨书纸对比初探》，《文物鉴定与鉴赏》，2021年第6期，第77-79页。

用纸加快了纸张的生产和流通。造纸原料中的皮纸、桑皮和藤皮纸都得到发展，竹纸也开始兴起。皮纸有褚皮、桑皮、藤皮、瑞香皮、木芙蓉皮等多种。由于有较多较好的纸，藏书之风得以盛行，据《隋书·经籍志》记载，晋初官府藏书有 29 945 卷，到南朝宋元嘉八年（431 年）藏书达 64 582 卷。葛洪为保护纸张和书卷免遭书虫蛀蚀，发明了“入潢”的方法，就是把纸用黄汁浸染一下，形成能防蛀的黄麻纸。

这一时期出现了许多有名的纸种。4 世纪王嘉《拾遗记》中说，南越一带产“侧理纸”，它是一种斜纹纸，现在仍有纸张传世。南方还生产一种蜜香纸，西晋植物学家嵇含《南方草木状》中记载：“蜜香纸，以蜜香树皮作之，微褐色，有纹如鱼子，极香而坚韧，水渍之而不溃烂。泰康五年，大秦国献三万幅。帝以万幅赐镇南大将军当阳侯杜预，令写所撰《春秋释例》及《经传集解》以进。未至而预卒，诏赐其家，令藏之。”“大秦”一词在中国古籍中指古罗马或者古印度。由于古罗马没有纸张，19 世纪时，西方汉学家夏德（Friedrich Hirth）认为，这种纸是亚历山大城的商人来中国时，道经锡兰和越南，买了当地土产而把它们当作自己国家的产品，像往常般作为贡品。《南方草木状》一书历来都有争议，但研究者认为，“蜜香纸”条最可信的是嵇含所撰，而《晋书·武帝纪》有“太康五年十二月大秦来献，闰月杜预卒”，证实了《南方草木状》的记载。

魏晋是中国古代造纸技术发展较快的时期，虽然西北地区这一时期考古发现的古纸只有零星几片（这可能与汉末以来长期战乱造成社会经济的严重破坏有关），但是从出土纸品的质量和史料记载来看，这一时期比起两汉，无论是纸的产量、质量还是种类，均有长足的发展，完成了“以纸代简”的历史性变革。

（一）悬泉西晋纸

1990 年 10 月至 1992 年 12 月，甘肃省文物考古研究所对敦煌甜水井附近的汉代悬泉置遗址进行了全面清理发掘。据考证，其中1件文物为西晋时期古纸。纸张质细而密，纤维分布均匀，纸张表层光滑。虽为残件，却有70余字，内容连贯，书写整齐规范。纸张书写文字增多，有一定的规范性，说明造纸技术有所改进，也说明纸张在当时已成为重要的书写载体。

（二）《晋律注》纸

2002年6月，甘肃省文物考古研究所考古发掘了位于玉门市花海镇毕家滩的十六国时期的墓地，共清理墓葬53座，其中一座小型土圹墓（M24）出土了4块有文字的棺板，其中仅有一块保存完整。在对考古现场的文字进行释读后发现文字有重叠、颠倒的现象，而且文字之间有乌丝界栏分行，表明这些文字原本书写于纸上，而后再裱贴在棺板上，其内容经专家释读研究后认为属于《晋律注》，故名《晋律注》纸。[①]

2019年，学者邓天珍等对玉门花海毕家滩棺板《晋律注》纸展开了保护修复研究，对纸本文书纤维原料运用纤维测量仪进行了分析鉴定，结果表明其纤维有两种形态，一种纤维宽大呈淡黄色，表面含方格纹且形态不完整，与木材纤维特征吻合；另一种纤维较长、呈红棕色、胞腔明显、中段宽度均匀，平均宽度为21微米，且纤维外壁挂透明物，应该为未脱落的胶衣，纤维表面横节纹较多，与皮浆纤维形态完全吻合。因此，可判定该样品纤维原料中含有皮浆，这为魏晋时期甘肃地区皮浆造纸的研究提供了实物证据。[②]

皮浆造纸工艺的实证以及大量可释读原始律文的记载，说明魏晋时期造纸原料种类趋于多元化，而且纸张代替简牍成为抄书的主要载体。

---

① 张俊民，曹旅宁：《毕家滩〈晋律注〉相关问题研究》，《考古与文物》，2010年第6期，第67-72页及120页。

② 邓天珍，史少华等：《玉门花海毕家滩棺板〈晋律注〉的保护修复研究》，《文物保护与考古科学》，2019年第31卷第3期，第44-51页。

第四节　古法造纸技术

古法造纸技术源于中国，是人类文明史上的一大创举。其工艺流程蕴含深厚的文化底蕴和技术智慧。早在西汉时，先民们就懂得如何利用植物纤维薄片造纸。东汉蔡伦在前人的基础上，创新性地将树皮、麻绳头、破布和渔网等天然植物纤维材料，通过一系列复杂的工序，制作出质地优良的纸张，这一改进极大地促进了书写材料的普及，降低了知识传播的成本。随着时间的推进，历朝历代不断精进工艺。魏晋南北朝时，开始利用桑皮、藤皮进行造纸。到了唐代，造纸的工匠开始利用竹、稻草等更丰富的植物纤维原料，提高了生产效率和纸张质量，满足了人们书法、绘画的需求。宋代更是造纸技术的黄金时期，因活字印刷术的发明，促使纸张需求激增，造纸技术也进一步精细化。明清时期，中国的造纸技术达到了一个新的高峰，集历代造纸工艺之大成，无论在原料选择、生产技术还是纸张加工上都有显著的创新与发展，发明和完善了诸多加工技艺，包括染色、加蜡、砑光、描金、洒金银、加矾胶等，大大丰富了纸张的种类和装饰效果。造纸技术的发展历程，展现了古代中国人在造纸技艺上的智慧与创新，对世界文明进步贡献巨大。

一、《天工开物》中的造纸工序

早期文献资料中多论述各种用途的纸的质量和样式，却鲜有印证造纸工艺的记录。直至 17 世纪，明朝科学家宋应星在其所著《天工开物》一书中，详细描述了创造竹纸和楮皮纸的工艺：包括原料加工时纤维浸沤、舂捣、蒸煮、洗涤、漂白、用帘模抄纸；压去湿纸中的水分，在火墙上烘干。宋应星在这本书中将造纸的工艺巧妙地用五个四字词语来概括：斩竹漂塘、煮楻足火、荡料入帘、覆帘压纸、透火焙干。这可以说是具有总结性的叙述。宋应星在书中配以插图形象生动地描绘了造纸的整个流程，是当时世界上关于造纸的最详尽的记载。以下是造竹纸的主要流程。

（一）斩竹漂塘

竹是古代造纸重要的原料之一。造纸的工匠通常在芒种前后上山砍伐竹子，选用即将长出新枝叶的竹子是最佳的，将竹子截成段，每段长 1.5 ~ 2.3 米。接着，在山上挖一个池塘，灌满水用来浸泡这些竹段。竹段在这样的水中浸泡超过 100 天后，便开始用力进行捣洗，目的是去除竹子外层的粗硬表皮和绿色表皮。这一步骤称为“杀青”。此时，竹子内的纤维变得疏松柔软。

（二）煮楻足火

将软化的竹材使用高品质的石灰水进行涂抹处理，并浸在楻桶中，反复蒸煮 8 天 8 夜。碱液的蒸煮过程可以去除竹子原料中大量的树胶等杂质。这样反复蒸煮、漂洗十几天后，竹子的纤维会逐渐分解。

图 2-7　斩竹漂塘

图 2-8　煮楻足火

（三）荡料入帘

取出蒸煮后的原料，放在石臼里用力舂捣成泥面状。用适量的水调配，使纤维彻底分离，再倾倒入纸槽中。接下来用细竹帘在纸浆中滤取，竹料成薄层附于竹帘上面，多余的水则从竹帘四边流走。为了让纸浆纤维均匀分布，造纸工匠的腰劲和腕力使用都得恰到好处。捞纸时抄得太轻纸会太薄，抄得太重纸又会略厚。

图 2-9　荡料入帘

（四）覆帘压纸

当竹料悬浮在竹帘上时，多余的水分会顺着帘子的边缘落入下面的槽里。接着，将竹帘翻转过来，让纸浆均匀地落在平整的木板上，这样逐层叠加，累积成千上万张纸。当纸张累积到一定数量后，就在上方加上木板进行压制。之后，使用绳索和木棍，施加压力，迫使纸张彻底排出剩余水分。

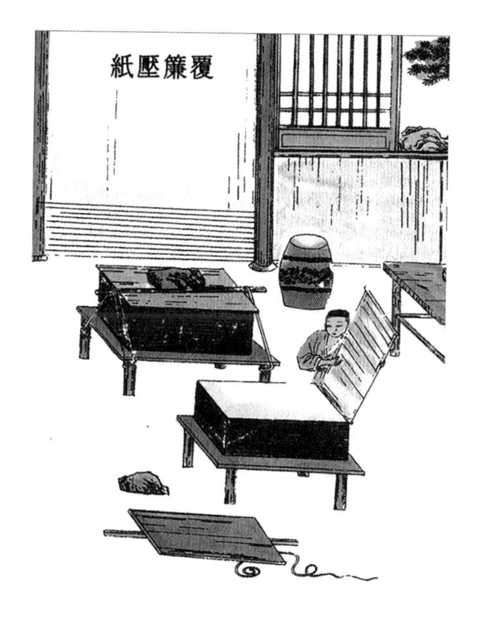

图 2-10　覆帘压纸

（五）透火焙干

取一张湿纸膜摊在生了火的砖墙上。纸张慢慢干燥，干透后揭起来就是一张可使用的纸了。这里焙纸用的砖墙是以土砖砌成的夹巷。在巷中生火，土砖温度升高后即可贴上湿纸焙干。

在宋应星两百年后，杨钟羲（1850—1900年）在《雪桥诗话续集》中提到造纸工艺：从砍竹再到烘干纸，原料要经手七十二次，才能做成纸，故造纸行业有一句谚语："片纸非容易，措手七十二。"而当时常山（今属浙江）山里人造纸则只有十二道主要工序：

图2-11　透火培干

① 砍竹→② 浸沤→③ 提纯纤维→④ 蒸煮→⑤ 洗料→⑥ 暴料→⑦ 灰沤→⑧ 提纯浆料→⑨ 作浆槽→⑩ 织造竹帘→⑪ 榨干水分→⑫ 烘干纸张

其制作过程中还多次使用化学方法，如在浸沤（练丝）原料以分解植物纤维的工序中，"浸以石灰"；暴日（暴晒原料）前在地上"撒以绿"，避免环境中杂质影响原料品质；加漂白剂使纸张色白；浸水期间加入胶，增加黏度。各种化学方法的使用提高了纸张的品质和质量，这是在长期实践中总结出来的实用方法。

二、传统造纸方法——浇纸法和抄纸法

关于20世纪考古发掘出土的西汉古纸，学术界在造纸工艺方面一直争论不休。有的学者认为是纸，有人则认为不是纸。为了研究中国造纸术的源流，李晓岑教授运用民族学调查的方法，对中国近十个民族的传统造纸工艺进行了分析，认为中国的传统手工造纸有两种不同的造纸法：

一是抄纸法，二是浇纸法，两种有其不同的造纸源流和方法。这为探究早期西汉纸的造纸工艺指明了方向。

下文以李晓岑实地调查的白族、傣族、彝族、哈尼族、瑶族、苗族、壮族、维吾尔族、纳西族和汉族的手工造纸为例，对中国传统浇纸和抄纸法不同的工艺技术及其步骤进行分析。[①]

（一）两种造纸方法的不同工艺步骤

原料是造纸的关键，少数民族的造纸技艺展现了对自然材料的广泛利用与深刻理解，其中蕴含着丰富的地域特色和文化传承。例如，维吾尔族传统造纸法采用桑树皮作为造纸原料，这一做法在中国历史文献中多有记载，尽管如今已较为罕见。而在藏地，人们创造性地利用狼毒草根部的强韧纤维来造纸，这种多年生草本植物赋予纸张卓越的防虫蛀及高强度韧性。至于西南地区的傣族、壮族、苗族、白族等民族，则偏爱使用构树皮作为造纸的主要原料，这同样是广为人知的传统造纸材料。另外，彝族、瑶族、哈尼族及部分白族社群，倾向于选取竹子作为造纸原料，充分利用了这一在当地非常丰富的资源。值得注意的是，丽江大具的纳西族匠心独运，选用雁皮作为造纸原料；相比之下，香格里拉的纳西族则专注于利用瑞香科荛花，这一独特原料再次体现了选择的因地制宜。

1. 洗　料

无论抄纸法还是浇纸法，在蒸料前均有一个洗料的过程，即对造纸料材进行洗涤、清洁。

2. 蒸煮方式

抄纸法造纸中，工艺的原料处理环节采用两种技法，即生料法与

① 李晓岑、王珊：《民族调查在考古学中的应用——以少数民族手工造纸为例》，《广西民族大学学报（哲学社会科学版）》，2018年第40卷第2期，第10-17页。

熟料法。生料法简化流程，仅需将纸料长期浸泡直至软化，随即直接打浆，摒弃了蒸煮步骤；而熟料法则更为繁琐，包含浸泡、自然发酵，随后将发酵物移至大锅，辅以热源蒸煮以深度软化纤维，最终送入机械打浆。

浇纸法造纸均使用熟料法，通过铁锅蒸煮原料，每次蒸煮量较小。纳西族、傣族、维吾尔族及藏族均用此法，并常规性添加灶灰进行碱化，而维吾尔族则使用胡杨灰进行处理。

3. 打　浆

抄纸法造纸的打浆环节，传统上多使用脚碓进行，此法历史悠久，广泛见于瑶族、苗族、白族等民族中，其技术源头或可追溯至汉族地区。此外，也有利用自然力量的创新，例如贵州香纸沟与浙江泽雅地区，借助水流驱动水碾和水碓完成打浆过程。而在云南禄丰县九渡的彝族社区，则采取了一种畜力驱动的碾料方式，用牛力进行竹质生料的打浆工作，展示了因地制宜、融合多种动力方式的造纸智慧。

在浇纸法的造纸流程中，打浆步骤通常采用手工操作，使用木槌在大石板上进行，这一传统技巧在傣族、藏族及维吾尔族中颇为常见。尤其在西藏尼木县的藏族社区，还保留着更古老的习俗，通过直接使用石头在石板上研磨原料，体现了造纸技艺的原始风貌和地域特色。

4. 加纸药

纸药的主要功能在于促进纸浆中的纤维良好悬浮，从而在造纸过程中分布更均匀。同时，它也辅助于分纸步骤，提升作业效率与纸页的分离质量。

抄纸法中，纸浆与纸药（如沙松树根、仙人掌等）首先被添加进石质或木质的水槽，并彻底搅拌以确保均匀混合，这是其工序的关键环节。

浇纸法的工艺则省去了添加纸药的步骤，凸显了两种造纸法的根本差异。

5. 搅 拌

搅拌的目的在于促使纸料均匀散布并维持良好的悬浮状态，以确保纸张成型时的均匀度与质地。

抄纸法的工艺流程里，水槽充填水与纸料的混合体后，利用一根木棍进行有力搅拌，旨在使纸料充分分散并均匀悬浮于浆液中。鉴于水槽的容积较大，这一手动搅拌过程较为费劲，要求较大的体力劳动投入。

浇纸法中，打浆完成的纸料随即被放置于固定的帘模上直接进行浇纸，省略了额外的搅拌步骤。

6. 纸的成形方式

不论是采用浇纸法还是抄纸法，这一特定步骤均为造纸工艺的核心技术环节，并作为两种方法之间的显著区别特征。

抄纸法通常运用活动帘模，为白族、壮族、苗族等众多民族所青睐。其典型的流程是将纸浆置于水槽中，单个帘模捞取纸浆后转移至滤水平台，累积湿纸至一定量后，继而采用木架压榨机去除多余水分，此乃抄纸工艺的标准化操作。

傣族、藏族及维吾尔族采用的浇纸法独具特色，利用固定帘模进行造纸，其中纸浆直接浇覆于平铺水面的固定帘上，遵循一帘一纸的原则，故此，制造过程中需预备大量此类固定式帘模以支持连续作业。

7. 压 榨

抄纸法中，湿纸纤维膜形成后，紧接着关键一步是压榨。常规操作是采用木制压榨工具，将大量湿纸叠压，通过强力排挤水分，使纸张达到半干状态，并对纸面的平滑度产生一定影响。

浇纸法则省略了压榨步骤，导致成纸结构相对松散，纸面外观呈现自然的粗糙质感。

8. 晾晒方式

抄纸法制纸后，晾纸多在室内进行，常见做法是将纸张贴附于墙面晾晒，多张纸集体晾晒，有时也利用火墙烘干，展现多样化晾纸策略。

傣族、藏族及维吾尔族的浇纸法采用自然晾干方式，将带纸的固定帘模置于户外日光下，每帘仅一张纸，受日晒自然漂白，纸张呈现出较白的特质，此法与抄纸法的晾纸工序截然不同。

9. 揭取方式

抄纸法的揭纸步骤是先对叠置的纸张边缘进行整理修饰，随后小心翼翼地从纸张的角落开始手掀分离，以保持纸页的完整与平整。

浇纸法中，揭纸是单独进行的，即直接从每个帘模上逐一揭开纸张。

10. 作坊特点

抄纸作坊标配包括木石捞纸槽、湿纸摆放台、压榨器具及脚踏打浆碓，以单一抄纸帘每日高效产出数千张纸。

浇纸作坊特征为配备地面坑槽或水上平台式的水槽，需备大量固定纸帘以便浇制纸张及打浆石等工具。

（二）造纸方法的差别在纸张上表现出的工艺特征

通过上述总结的造纸工艺步骤可知，浇纸法和抄纸法有其各自的技术特点，主要工艺步骤区分如下：

抄纸法工艺流程：剥料→浸泡→浆灰→蒸料→清洗→打浆→加纸药→抄纸→压榨→晾纸→分纸。

浇纸法工艺流程：剥料→清洗→煮料→捶打→捣浆→浇纸→晾纸→揭纸。

虽然各地造纸细节有所不同，但是两种造纸技术的核心流程可概括为上述内容。区分二者的关键在于几个特定步骤：是否加药、是否有压榨过程、采用抄纸法还是浇纸法，以及晾晒技巧，这些特征足以界定纸张源于哪种造纸体系。

因工艺差异，所造出纸张的特性迥异。不仅在原料上各有特点，浇纸法与抄纸法所造的纸张，在以下几个外观特征上有明显差异。（见

表 2-2）

表2-2　抄纸法与浇纸法造纸特征对比表

造纸特征	造纸方法	
	浇纸法	抄纸法
帘纹情况	仅有织纹或织纹	有帘纹
纤维交织状况	纤维疏松、交织差	纤维紧致、交织好
薄厚情况	较厚	较薄
打浆度	低	高
外观粗糙度	纸面粗糙	纸面较为平滑

三、纸张的加工处理

从纸张诞生之初，对纸张的深加工技术便相伴而生，这是由于初期的造纸工艺较为原始，所制纸张往往质地粗糙、厚度不均且结构疏松。为了改善上述情况，使纸张更适合大规模普及和使用，这就促使了纸张加工技术的出现。但关于纸张加工技术的起源问题目前尚未形成定论，一般认为纸张的加工技术始于东汉末期。

东汉建安年间出现了著名的造纸家左伯，南齐萧子良在《答王僧虔书》中称左伯所造的纸："子邑之纸，妍妙辉光；仲将之墨，一点如漆；伯英之笔，穷声尽思。"从"妍妙辉光"这一描述来看，左伯纸应经过了研光技术。李晓岑对出土于敦煌悬泉置遗址的 49 片古纸进行了物理外观的初步考察，并对 4 片不同层位出土的悬泉古纸进行纤维的显微分析，他认为均是淀粉施胶或淀粉滑石粉涂布的加工纸，是目前发现的汉代已有加工纸的最早记录。[①] 龚德才等人也对悬泉置出土古纸进行了分析，得

① 李晓岑：《甘肃汉代悬泉置遗址出土古纸的考察和分析》，《广西民族大学学报（自然科学版）》，2010年第16卷第4期，第7-16页。

出纸样在抄造过程中经过了剪切与舂捣。而且，通过对悬泉纸的微观形貌、元素及物相分析，确认了该纸样经过了草木灰水的浸沤和加填处理，填料的主要成分为含有钙、镁的硅酸盐和滑石粉，以植物淀粉为胶黏剂。[①]

（一）施　胶

1. 施胶的作用

一是使纸适用于墨书写，使纸既易受墨而又不过分洇化；二是使纤维在浆槽中悬浮，使制出的纸张薄厚均匀、纤维间黏着紧密；三是使纸张在压榨与烘干时，不会粘连在一起。

2. 胶料种类

① 细冬青枝叶煮制；② 红楠创花浸制；③ 牛皮制；④ 黄蜀葵浸制；⑤ 杨桃藤和木槿浸制。

（二）填　料

1. 填料的作用

填料的主要作用有：填充纤维间的空隙；改善纸张亮度和质地，使纸张坚挺、厚重。

2. 填料的类型

填料时使用的材料有淀粉、磨细的滑石粉、黄豆浆汁等。

（三）染　色

古代染色形式有两种，主要有“染璜”和“染红”。

1. 染　璜

染璜即“入潢”，古代的一种染纸技术。东汉末年刘熙《释名》曰“潢，染纸也”，说明东汉时已经有了染纸技术。但用什么染以及

---

① 龚德才、杨海艳、李晓岑：《甘肃敦煌悬泉纸制作工艺及填料成分研究》，《文物》，2014年第9期，第85-90页。

染成什么色呢？据东汉魏伯阳《周易参同契》“若蘗（柏）染为黄兮、似蓝成绿组”，又司马相如《子虚赋》“桂椒木兰，蘗（柏）离朱杨”，其中将染璜定义为“染纸”。所谓“入潢”，即用黄白将纸染成黄色。北魏贾思勰《齐民要术·杂说》第三十“染潢及治书法”中，对染潢技术进行了详细的叙述：“凡打纸欲生，生则坚厚，特宜入潢。凡潢纸灭白便是，不宜太深，深则年久色暗也。入浸柏熟，即弃滓，直用纯汁，费而无益，熟后漉滓，捣而煮之，布囊压讫，复捣煮之。凡三捣三煮，添和纯汁者，其省四倍，又弥明净。写书，经夏然后入潢，缝不绽解。其新写者，须以熨斗缝缝熨而潢之，不尔，入则零落矣。”从这段记载来看，到北魏时期，我国的染璜技术已臻成熟。

染璜的方法是用色黄味苦的黄聚内皮制成浸渍药液。因染璜药液是一种有香味及驱虫毒性的药液，用以浸染纸张会使纸张具有驱虫防蠹的作用，又能使纸张表面光滑。此法一直延续到宋代，在书籍长期保存中作用明显。公元 672 年唐高宗诏曰：“诏敕施行既为永式，比用白纸，多用虫囊，宜令今后尚书省颁下诸州、县，宜并用黄纸。”这从官方立场确认了黄纸的防囊功用。敦煌现存的写本所用纸张很多都是用此法染过的，从保存情况看，凡经染璜处理过的书籍其保存情况比未染过的好。

2. 染　红

染红即用铅、硫、硝石制成红丹（铅丹），将纸张处理成鲜明的橘红色的过程叫染红，染红工艺形成的橘红色被称为“万年红”。

17 世纪初宋应星所著《天工开物》中，详细记载了染红所用的铅丹（Pb_3O_4）的制作方法：“凡炒铅丹，用铅一斤、土硫黄十两、硝石一两。熔铅成汁，下醋点之。滚沸时下硫一块，少顷，入硝少许，沸定再点醋，依前渐下硝、磺。待为末，则成丹矣。”由此可看出，早在明朝时期，中国古人就懂得如何制作合成铅丹，虽然与当代工艺相比，制作方法在效果、安全性、环保性和产品质量上无法媲美，但这些早期技术的发现说明当时的科学技术能为社会需求提供强有力的支撑。

染红的方法：红丹粉末 + 水 + 植物胶混合加热成溶液→涂在白纸上→晾干。

染红的作用：一是用作书皮内页，以保护未经染的书页不受虫蛀；二是解决了书籍由卷装改为册装后不能全染的问题，方法简单有效。

（四）着　色

着色不同于染色（即染璜、染红），染色最主要是使书籍保存得更长久、更完整，而着色工艺则是生产具有装饰作用的色纸。最早的色纸出现在汉代，公元 3 世纪孟康形容其为“染纸素令其赤而书之，若令黄纸也”。实际上早在公元 100 年左右人们就已用上红纸，而黄纸则在公元 300 年左右才成为时尚。

唐代各种色纸使用普遍，仅四川的笺纸就有深红、粉红、杏红、深青、浅青、深绿、浅绿、蓝绿、明黄等十多种不同颜色，还出现了专为书写和装饰用的艺术纸。如较著名的红色小笺——“薛涛笺”，是女诗人薛涛用花瓣染成，呈粉红色，专用于题诗作答。

（五）涂　布

涂布在传统手工造纸中也被称为填粉，涂布工艺的历史久远，至少在魏晋时期已有成熟的涂布纸加工技术。在手工纸出现初期，涂布是为了填充疏松的纸张，涂料涂在纸张表面，既填平了纸张表面，使原本粗松的纸面变得细腻平滑，又能使纸张毛孔形成一层膜，这层膜能阻挡水分快速渗透到纸张纤维里面，延长书法或绘画作品的保存时间。涂布采用刷浆技术将矿物粉末涂于纸张表面后，还要经过研光才能使纸张表面平整光滑。发展到后来，将经过涂布工艺的加工纸称作粉笺。

第五节　敦煌悬泉置出土古纸造纸技术

敦煌悬泉置遗址位于甘肃河西走廊瓜州与敦煌两县市交界处的戈壁滩上，是迄今为止我国发现的保存最完整、出土文物最多的一处汉魏驿置机构。1990 年至 1992 年，甘肃省文物考古研究所等对敦煌悬泉置遗址进行了考古发掘，在这里出土了大量的汉代古纸及少量的晋代古纸，总数 460 余件。

一直以来，敦煌悬泉置出土古纸尤其是西汉时期的纸张备受学界关注，关于造纸术的起源更是争议的焦点。在前人研究的基础上，通过对敦煌悬泉置遗址出土的 460 余件古纸残片进行分类整理，可以看出纸张在西汉时期就已经存在，这批古纸为我们了解造纸技术的演变提供了第一手实物资料。

一、敦煌悬泉置出土古纸相关研究

敦煌悬泉置出土汉代古纸因年代跨度大、数量多、价值高，一直以来备受各界关注。时至今日，这批古纸已出土 30 余年，研究成果丰硕，主要体现在三个方面。

一是对有字纸呈现的书法形态研究。悬泉置遗址出土的数量可观的纸文书是区别于其他古纸的一个鲜明特点，发掘信息初步公开后，迅速引起学界关注。马啸《汉悬泉置遗址发掘书学意义重大》对悬泉纸做了论述和分析，发表后引起了一些质疑的声音，如陈启新《悬泉置出土墨迹残纸为东汉以后之书信》、李星《敦煌悬泉新发现残纸应为魏晋墨迹：兼论书法史书体演变的一个问题》都认为悬泉纸的年代可能晚一些。饶宗颐《由悬泉汉代纸帛书名迹谈早期敦煌书家》侧重于从纸的角度论述敦煌地区的书法艺术。

二是运用现代科技手段进行研究。1992年至1993年王菊华等人分两次到敦煌悬泉置发掘现场和甘肃省文物考古研究所对部分悬泉纸进行了观察，并在观察时取少量样品，带回北京做了进一步分析。在《二十世纪有关纸的考古发现不能否定蔡伦发明造纸术（2）》中，王菊华从悬泉纸的造纸原料、纸的质量、纸文书的字体、悬泉置遗址历代沿袭、自然条件和所经历灾害等个几方面分析，认为悬泉出土纸状残片不能说明西汉有纸。李晓岑《甘肃汉代悬泉置遗址出土古纸的考察和分析》通过对49片悬泉古纸进行物理外观的初步考察后，却得出与王菊华完全不同的结论。李晓岑认为，这些早期纸绝大多数是用浇纸法制造的，另有少数古纸较薄，有帘纹，纤维分布均匀，是抄纸法制造的，主要位于悬泉置遗址的晚期层位中。他在对4片不同层位出土的悬泉古纸进行纤维的显微分析后，发现了有淀粉施胶或淀粉滑石粉涂布的现象，据此他认为这是目前发现的汉代有加工纸的最早记录。李晓岑对悬泉纸制作工艺的综合性研究，为早期纸的起源和加工工艺的研究提供了新观点。随后他与王辉、贺超海发表《甘肃悬泉置遗址出土古纸的时代及相关问题》，通过对悬泉置考古地层的考察分析，认为三层和四层没有受到东汉层位遗物的扰乱，说明这两个层位出土的古纸也应该是西汉纸，这证实了中国在西汉已发明了纸和造纸术的历史事实。对各层位古纸的工艺分析结果表明早期的西汉纸均为浇纸法生产，使用麻类纤维，这说明中国造纸术起源于浇纸法造麻纸。龚德才、杨海艳、李晓岑的《甘肃悬泉置纸制作工艺及填料成分研究》通过模拟样品与DX109号悬泉置样品进行纤维微观形态的对比、悬泉纸样的微观形态、元素及物相分析等实验，表明DX109号悬泉置纸制作及加工工艺均比较成熟，纤维分散均匀，舂捣充分，而且经过加填处理，是加工纸。由此推断至迟到魏晋时期，我国的造纸技术已经十分成熟。

三是从考古断代的角度出发说明问题。陶喻之《“西汉古纸”考古唯难自圆其说》中指出，对于悬泉置遗址出土的古纸的断代，缺乏古天象等埋藏环境的动态分析，仅凭与简牍共存的情况孤立地、静态地断定其为西汉时期的纸张，这种做法缺乏全面的考古断代支持，存在方法论上的缺陷。韩华《由纪年汉简看敦煌悬泉置遗址出土纸张的年代问题》利用悬泉纪年简对敦煌悬泉置遗址出土纸张的年代进行了考证。

二、敦煌悬泉置出土古纸的用途及来源

在敦煌悬泉置遗址出土的古纸历史时期跨越汉晋，时代最早的纸张可以根据考古发掘资料定为西汉时期。悬泉纸张残片共有 460 余件，上面书写文字的却极少，据考古发掘简报记载，纸文书共有 10 件，9 件为汉代纸张，1 件为晋纸，并对这些纸张做了断代。笔者试根据纸张同出简牍和地层，从纸张尚存字迹书体对敦煌悬泉置出土各时期有字古纸做简要分析。从这些记载寥寥几字的古纸上，我们可以窥探到其最早被用于包装或其他功用，而非大规模书写。

（一）古纸的用途

1. 西汉时期古纸

出土号为 90DXT212 ④：3、4 纸张上书“细辛、薰力”，出土号 90DXT212 ④：5 纸张上书“付子”，此三件残纸同出土于一个地层，上面所书写文字均为隶书。

图 2-12　90DXT212 ④：3、4

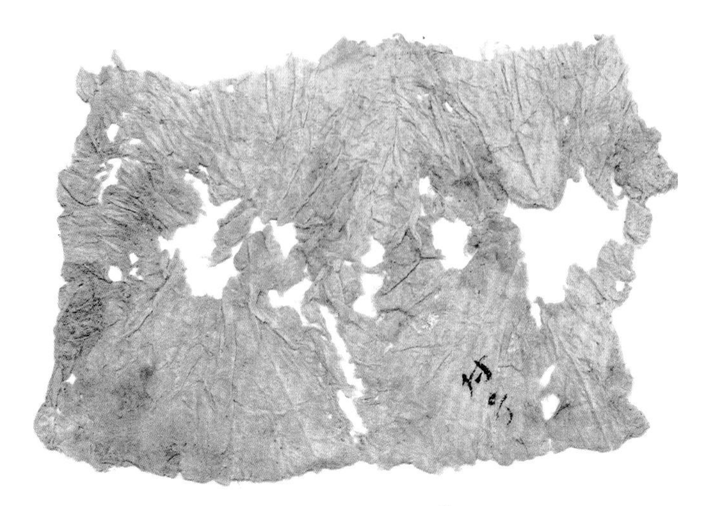

图 2-13　90DXT212 ④：5

在考古发掘报告中，上述三件古纸被断代为西汉武昭时期遗物，根据纸的形状和折叠痕迹，应当为包药用纸。对此，马智全也从不同角度做了考证和推断。首先，他对三件古纸所记载字迹为“细辛”“薰力”“付子”的名称进行了详细的考证，证明其全部为药物名称，并从功效、产地等方面推断了它们出现在悬泉置的合理性。其次，从古纸的褶皱程度、字数书写情况以及药物形状等特点综合分析得出古纸主要用于包装药物。例如，他认为“付子”纸整体呈长方形，纸面上有明显的褶皱痕迹。从折痕来看，纸张呈两个中心的折叠状，两个中心位于纸张两侧，可见纸张原本是封折在一起的，符合包装用纸的特性。纸张两个中心点处破损严重，应该就是因包装物品而磨损的。随后他又根据传世文献和出土文献中对“付子”药物功用和形状的记载，佐证了自己的推断。[①]

出土号 90DXT212 ④：14 纸张残片上写隶书“二人”两字，是否还有其他文字不可知。但从这两字来看，纸张所书内容应是相关人数的记载，内容上可以归为文书类。

① 马智全：《汉代西北边塞的“市药”》，《简牍学研究》，2018年第七辑，第87-95页。

图 2-14　90DXT212 ④：14

图 2-12 出土号为Ⅱ 90DXT0114 ③：608 纸张上书两行草书，第一行文字为“愿伟君▨”，第二行文字为“不可□”。出土号为Ⅱ 90DXT0114 ③：609 纸张上书两行草书，第一行文字为“▨□持书来▨”，第二行文字为“▨置啬夫▨”。[1]

图 2-15　Ⅱ 90DXT0114 ③：608

关于Ⅱ 90DXT0114 ③：608 纸张的用途，结合悬泉置出土帛书简牍上的文字记载可做判断。与Ⅱ 90DXT0114 ③：608 纸张在同一探方及层位出土帛书一件，其中一面文字内容为：

不可忽=置舍所圣人=不可已强饭自=爱=幸

甚万幸=甚=谨因赵伟君奉书再拜

① 《甘肃敦煌汉代悬泉置遗址发掘简报》中释为“▨致啬▨”，参见《文物》，2000年第5期，第14页。

白·知君谢子恩敬君强饭自=爱=

知君病偷矣　　　　　　　（Ⅱ90DXT0114③：607）

此件帛书上同样写有“伟君”“不可”字样，虽然纸张与帛书在同一探方同一层位出土，但纸张上的“伟君”和帛书上的“伟君”是否同为一人不可考，只能以此来判断纸张出现的文字大概是一封书信的残件。

另外，在敦煌悬泉汉简中“伟君”一词也多有出现，均作为人名来使用。如：

孙昌叩头白记

☒□□勉力讽诵请伟君坐前

（Ⅰ90DXT0109②：63）

传移□□□行□☒

伟君足下□者　☒　　　　　　　A面

□□□□□

伟君足下□者□☒　　　　　　　B面

（Ⅱ90DXT0113③：62）

虽然上列简牍有残缺，简上的文字亦有缺失，但从简牍释文内容来分析，“伟君”也应是人名，简牍记载的内容也有可能是书信往来的记录。结合上述帛书和简牍的文字内容进行推测，图2-12纸张书写的“伟君”应为人名，这张古纸可能为书信残件。

图2-13出土号为Ⅱ90DXT0114③：609纸张上书的两行文字，一行文字为“持书来”，其中“持”字左上稍有残缺。悬泉汉简中有枚草书简“持”字做持（Ⅱ90DXT0111②：8），[①]与这张古纸上“持”字的书写极为相似。从当时草书的写法看，纸张上“持”字上端残缺才导致字体不完整。残纸另一行文字发掘简报中释为“☒致啬☒”。但根据“啬”字上下部残留笔迹来看，似为“置”和“夫”字，“置啬夫”作为官职

① 甘肃简牍博物馆等编：《悬泉汉简（二）》，上海：中西书局，2021年，第184页。

名称在敦煌悬泉汉简中也是常见的。我们根据残存的两行文字推测，图2-13纸张书写内容为文书类，很有可能是某位置啬夫所书或传递给另一位置啬夫的文书残片。

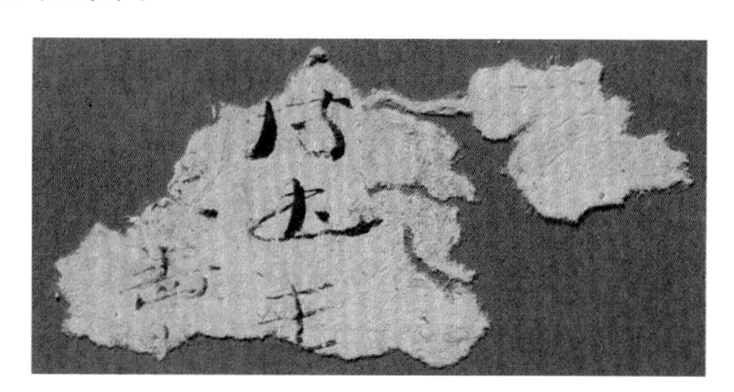

图 2-16　Ⅱ90DXT0114③：609

根据同地层出土简牍的纪年来看，以上6件发掘于敦煌悬泉置遗址的有字纸张在时代上都属于西汉时期。由此可知，在西汉时期已经有纸张产生，而且早期纸张不但用于包装，也开始尝试作为书写材料来使用。

2. 东汉初期古纸

图2-14出土号为Ⅱ90DXT0111①：469纸张根据同地层出土简牍的纪年来看，为东汉早期的纸张残片。上书两行文字，一行文字为“巨阳大利”，另一行文字为“上缮皂五匹”。从所书文字内容看，这件纸张记录了丝织品的等级和数量，此件纸张为包装用纸或为丝织品记录的标识。

图 2-17　Ⅱ90DXT0111①：469

3. 西晋古纸

图 2-15 出土号为Ⅰ91DXT0409④A：15 纸张上书“□□辄往□”，图 2-16 出土号为Ⅰ91DXT0409④A：16 纸张上书 7 行文字：“☐以下即诣”“☐□既得表”“☐□解侨朱”“☐一日之恩今”“☐此鄙者今”“☐府内安隐”“☐恐惶恐白”。根据同地层出土简牍的纪年以及书写字体来看，这两张残纸应为西晋时期的书信残件，原应为一张，因残损过甚而破裂为两张，文字内容上亦有缺失。这件纸张上所书文字 30 余字，书写文字数量的增加，一方面也说明纸张工艺的提高，已经满足其作为书写载体来使用，另一方面说明纸张用于书写已经开始普及。

图 2-18 Ⅰ91DXT0409④A：15

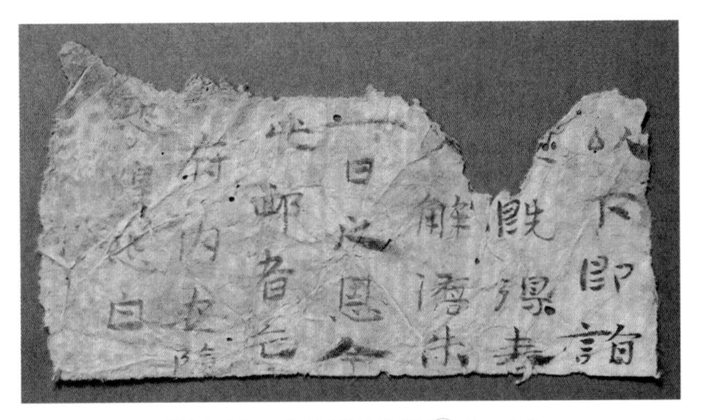

图 2-19 Ⅰ91DXT040④A：16

综上所述，早期纸张更多是用于物品包装，如图 2-9 和图 2-10，纸张书写文字均为中药名，褶皱明显。图 2-12 和图 2-14 纸张有明显的形状轮廓，字体书写方向可基本判定为斜向书写，这比较符合用方形纸张折对角包裹物品后，在包裹纸张外部书写物品名来做标识的习惯。而尺寸较大的残纸，褶皱更为明显，且褶皱纵横交错没有规律，这都有可能是作为包裹或者衬垫物后留下的印迹。这批纸张中有一件残纸上粘有少量漆器残片，据此推测这件残纸当时用来包裹漆器，长时间受所处自然环境的影响，与残纸粘连一起。这件残纸所残留的文物印记，与灞桥纸用于包裹铜镜后纸张表面残留铜锈的情况相似。

除此之外，如前文所言少量纸张可初步判断为用于书信往来和文书传递，这类纸张只占极少部分。书写文字的纸张占比极少且存字不多，这一现象说明早期纸张并未普遍于书写，这与造纸技术发展情况密切相关，当时纸张并未取代简牍作为主要书写材料，甚至还未出现简纸并用的情况。

（二）古纸的来源

纸张一旦作为新型包装或书写材料开始使用，必然有一定量的生产。在敦煌悬泉置遗址考古发掘大量古纸，其来源也可作为古纸研究的内容来进行探讨。早期纸张生产技术掌握在内地，由内地生产再输入边塞地区有极大的可能，但也不排除汉代边塞地区也已经具备纸张生产的能力。首先从内地生产运输成本相对较高，其次就目前考古发掘来看，西北地区发掘出大量汉代早期纸张，这虽与当地干燥的环境气候易于保存下来有关，但同时也说明当时可能会存在一些纸张制作工坊。

河西地区在汉代属于边塞地区，应汉代行政管理以及军事防御的需求，从内地征集大量的戍卒，同时也从内地迁入了大量的人口。除了行军戍备，在这些迁移人员中也会有一定手工制作技能的人员来满足生活生产需要。在内地人员往边塞流动的同时，也可能从内地带来了当时先进的技术，加之当地有可实现造纸的原材料，所以在河西边塞地区制作出早期纸张并非全无可能。在新疆等更为边远之地也出土有少量汉代纸张，这些早期纸张也有可能是由河西生产后传入新疆等地。在甘肃西和县，现在仍有以家庭作坊生产形式为主的麻纸制作手工坊，手工制作工艺形式传承年代久远。这些手工作坊是否与早期纸张有一定关联现在已无法考证，但我们也可由此仅推测，汉代河西地区可能就有古纸生产地或者小型手工作坊。适宜的保存环境，是西北边塞地区发掘出早期纸张的必要环境条件，同时生产原材料、人员、技术和工坊场所等要素，也是成为早期纸张生产的必要条件。

三、敦煌悬泉置出土古纸造纸工艺

在前人研究的基础上，我们以与故宫博物院、复旦大学等单位合作的有机质文物科学价值认知课题为契机，对敦煌悬泉置出土的117件古纸进行了分析检测，运用超景深显微镜、纤维分析仪、XRD、红外光谱、分光测色仪、光滑度仪等科学分析仪器获取了大量古纸的基本数据。这为我们研究悬泉置古纸的造纸工艺提供了有力支撑。

（一）造纸原料

在20世纪90年代，纸史研究专家王菊华曾对7张悬泉古纸进行了化验，结果表明有4张是麻纸，1张是麦草纸，1张是蒲草纸，1张中有麻70%、树皮30%。这些麦草纸、树皮纸、蒲草纸显然是晚期纸，不可能西汉时期的。而麦草纸和树皮纸发现于西汉晚期的第二层位，说明该层位有扰乱情况。[①]

通过超景深显微镜和纤维分析可知，其造纸原料大都为麻类纤维，这一点也与西北地区历次考古发掘出土的古纸相同，大多数古纸麻纤维的形态十分明显，很多纸的表面可见较多麻纤维束的存在，颜色有黄色和黄白色两种。黄色的麻纸，应是采用大麻作为造纸的原料。黄色纸呈现的黄色正是大麻的本色，而不是经过了染璜的纸张加工技术，这也正反映了中国早期纸张的重要原料特征。由此可见，至少在西汉时期，人们已经开始运用麻类等植物纤维来制作纸张，在敦煌悬泉置发现大量西汉古纸也是当时社会生活的历史遗存。

《后汉书·蔡伦传》记载："自古书契多编以竹简，其用缣帛者谓之为纸。缣贵而简重，并不便于人。伦乃造意用树肤、麻头及敝布、鱼网以为纸。"这种工艺制作出来的纸张也被称为"蔡侯纸"。与《后汉书》记载的蔡侯纸不同，西北地区考古发掘的西汉古纸在原料上使用的主要

---

① 王菊华：《中国古代造纸工程技术史》，太原：山西教育出版，2005年，第72页。

是麻类植物纤维，包括麻布、麻绳等废弃的麻制品，而未见“树肤”“鱼网”的成分。由此可见，至少西北地区发掘的早期麻纸成分相对单一。蔡伦改进造纸技术，同时对造纸成分也进行了调整，以提升纸张的质量，传世文献中对造纸原料的记载应是基于蔡侯纸的使用材料。在整理悬泉古纸过程中，尚有肉眼可见未打散分离的麻布及麻绳残块，这也是早期古纸制作技艺尚不精湛的实证。

（二）敦煌悬泉置出土古纸造纸工艺分类

我们综合显微观察得出的造纸原料、纸张色度、纸张厚度、纸张重量、有无帘纹、纤维分丝帚化程度、光滑度等多个数据，认真分析了这117件古纸的外观工艺特征，将这批纸张大致划分为三类，即厚型古纸、薄型古纸和纸质优良的加工纸，以方便对这批纸张的造纸工艺进行更进一步的探究。下面将列举部分古纸的分析检测结果加以论证说明。

1. 厚型古纸

（1）古纸 92DXT1712 ② c：144

出土号为 92DXT1712 ② c：144 的古纸，长 26 厘米，宽 14.5 厘米，用厚度测定仪测得平均厚度为 1.3 毫米，表面为黄色，极其粗糙，结构松散，在显微镜下可见明显的麻类纤维束，纤维分丝帚化程度很低。根据同地层纪年简牍判断，其年代为西汉晚期。

图 2-20　纸 92DXT1712 ② c：144 现状图

图 2-21　纸 92DXT1712 ② c：144 透光照

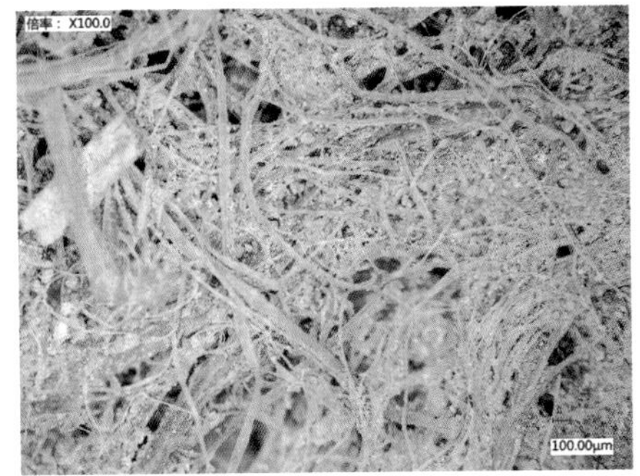

图 2-22　纸 92DXT1712 ② c：144 显微图

通过观察该古纸的外观特征发现，其表面粗糙，凹凸不平，结构松散，纸面较厚，厚度不一，灯光无法透过该纸张。运用超景深显微镜观察该纸张，结果显示该纸纤维分布不均匀，存在大量未帚化的纤维束，且纤维束表面附着有大量未知晶体。由此可推断，该纸虽进行了纤维切断、舂倒，但由于打浆程度不充分，致使纤维帚化程度不高，应属早期浇纸法所造。

（2）古纸 90DXT103 ③：155

出土号为 90DXT103 ③：155 的古纸，长 15 厘米，宽 18 厘米，用厚度测定仪测得平均厚度为 0.730 毫米，重约 2.052 克，表面呈黄色，极其粗糙，结构松散，在显微镜下可见明显的麻类纤维束，并有其他不明原料掺入。根据同地层纪年简牍判断，其年代为西汉宣帝到西汉成帝时期。

图 2-23　纸 90DXT103 ③：155 现状图

图 2-24　纸 90DXT103 ③：155 透光照

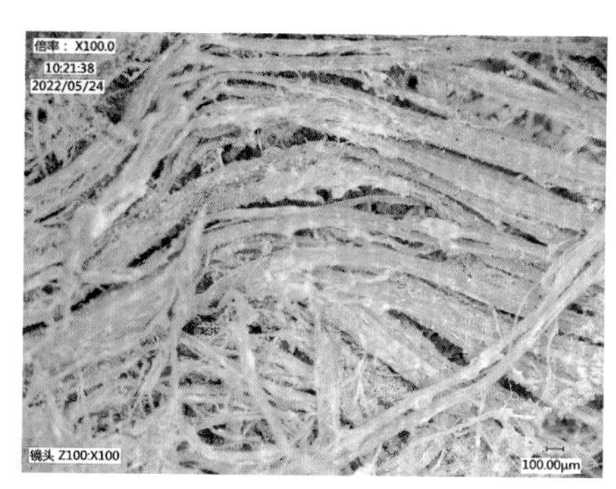

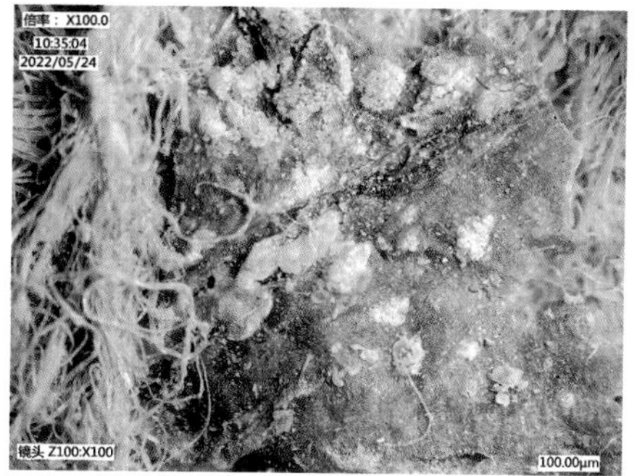

图 2-25　纸 90DXT103 ③：155 显微图

通过观察该古纸的外观特征发现，其表面粗糙，凹凸不平，结构松散，纸面较厚，厚度不一，且使用灯光后大部分区域无法透过该纸张。运用超景深显微镜观察该纸张，结果显示该纸纤维分布不均匀，存在大量未帚化的纤维束，且夹杂其他不明原料。该纸虽进行了纤维切断、舂倒，但由于打浆程度不充分，致使纤维帚化程度不高，应也属早期浇纸法所造。

通过列举以上古纸的形态特征可知，这类纸张在工艺上较粗糙，存在明显纤维束，这类纸张因为纤维疏松，因而较厚，纸张呈暗黄色，甚至在一些纸张上可观察到尚未打散的麻布、麻绳残留，因此此类造纸技术上具有很明显的原始性，应属于浇纸法造纸。

2. 薄型古纸

（1）古纸 90DXT103 ③：149

出土号为 90DXT103 ③：149 的古纸，长 8.2 厘米，宽 4 厘米，用厚度测定仪测得平均厚度为 0.361 毫米，重约 0.363 克，表面呈黄白色，纸略粗糙，且有明显的折痕。

通过观察该古纸的外观特征发现，其表面略粗糙不平，纸张柔软，纸体较薄，纸面整体白度较好。在使用灯光后有部分区域无法透过该纸。运用超景深显微镜观察该纸，结果显示该纸纤维较细，但仍存在未打散的纤维束。测得平均纤维宽为 21.48 微米，未见帘纹，应属早期浇纸法所造。

图 2-26　纸 90DXT103 ③ ：149
现状图

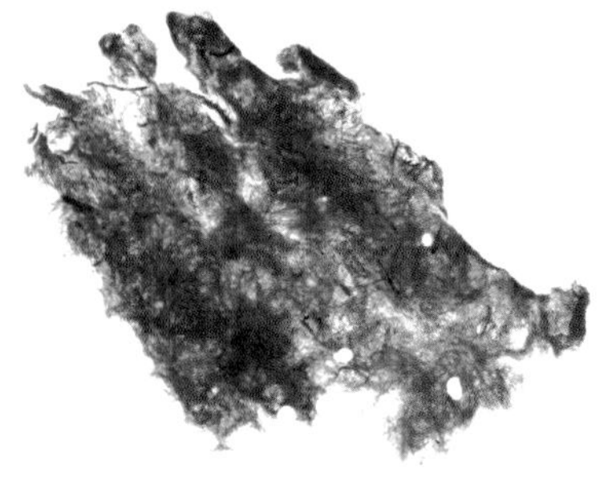

图 2-27　纸 90DXT 103 ③ ：149
透光照

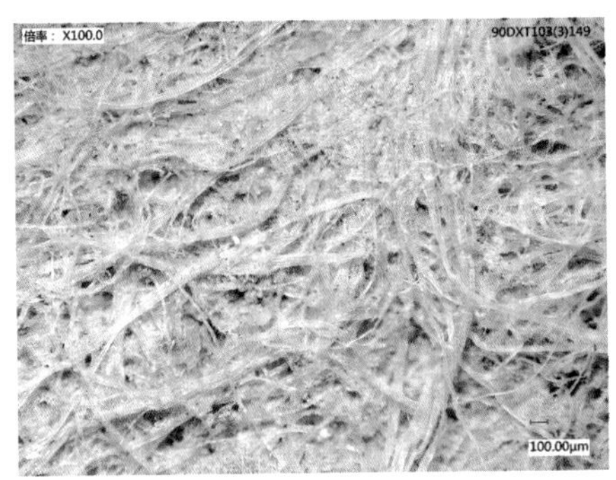

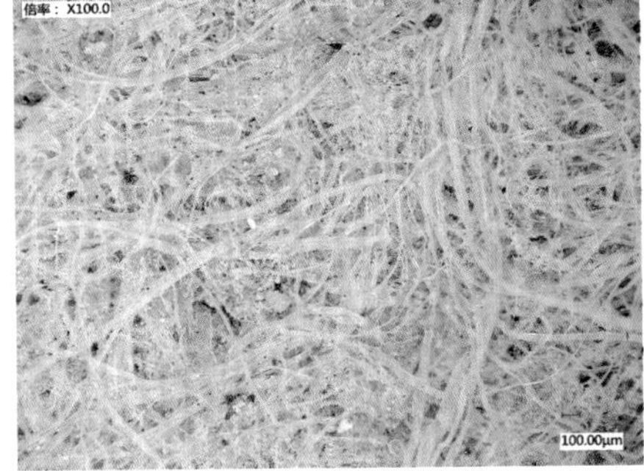

图 2-28　纸 90DXT103 ③ ：149 显微图

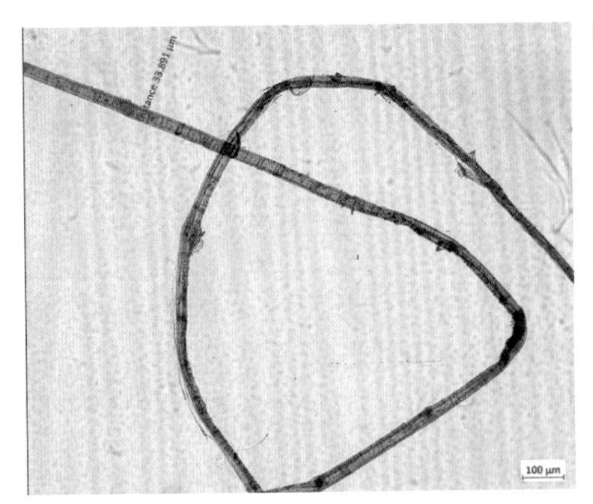

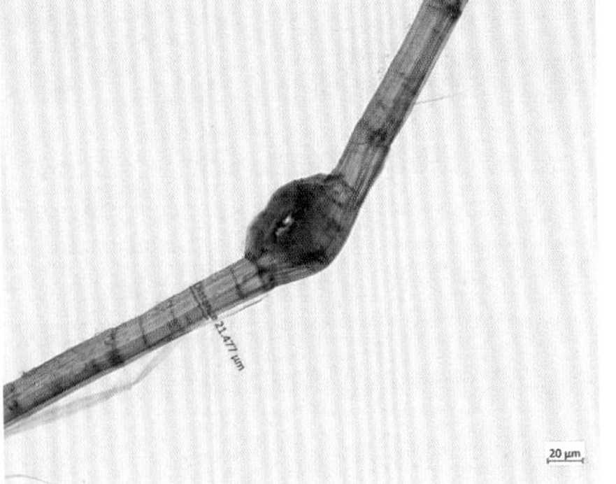

图 2-29　纸 90DXT103 ③ ：149 纤维分析图

（2）古纸 90DXT111 ①：211

出土号为 90DXT111 ①：211 的古纸，长 22.5 厘米，宽 14.5 厘米，用厚度测定仪测得平均厚度为 0.46 毫米，表面呈黄白色，纸略粗糙，且有明显褶皱的痕迹。根据同地层纪年简牍判断，其年代为东汉初期。

通过观察该古纸的外观特征发现，其表面略粗糙，纸张柔软，厚度均匀，纸面整体白度较好。在使用灯光后仅有少部分区域无法透过该纸张。运用超景深显微镜观察该纸，结果显示该纸纤维匀细，但仍存在未打散的纤维束，表面有填料，较为光滑，图像放大后可见白色颗粒物，未见帘纹。该纸应为早期浇纸法所造，但出现纸张加工的痕迹。

图 2-30　纸 90DXT111 ①：211 现状图

图 2-31　纸 90DXT111 ①：211 透光照

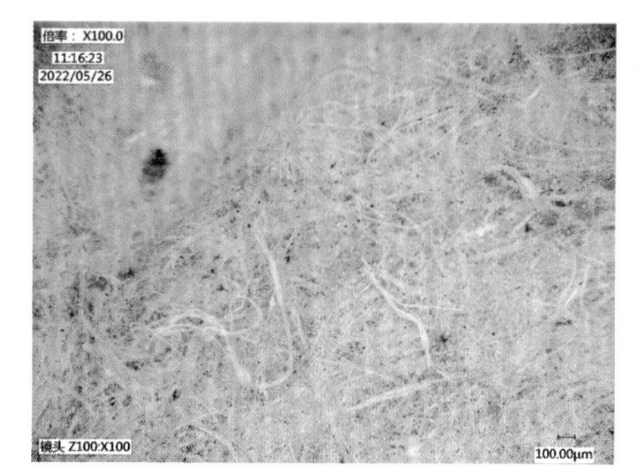

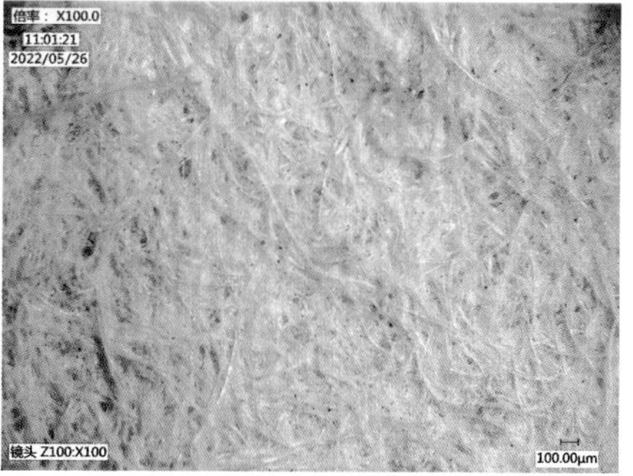

图 2-32　纸 90DXT111 ①：211 显微图

由以上古纸外观工艺特征可知，此类纸张纤维分散度较好，但仍有少量尚未打散的纤维束，纸张颜色较前一类浅，厚度也较前一类薄。

3. 纸张优良的加工纸

（1）古纸 92DXT1116 ①：21

出土号为 92DXT1116 ①：21 的古纸，长 4 厘米，宽 3 厘米，用厚度测定仪测得平均厚度为 0.203 毫米，纸质薄而光滑，表面呈黄白色，且有明显条状帘纹。根据同地层纪年简牍判断，其年代为东汉初期。

图 2-33　纸 92DXT1116 ①：21 现状图

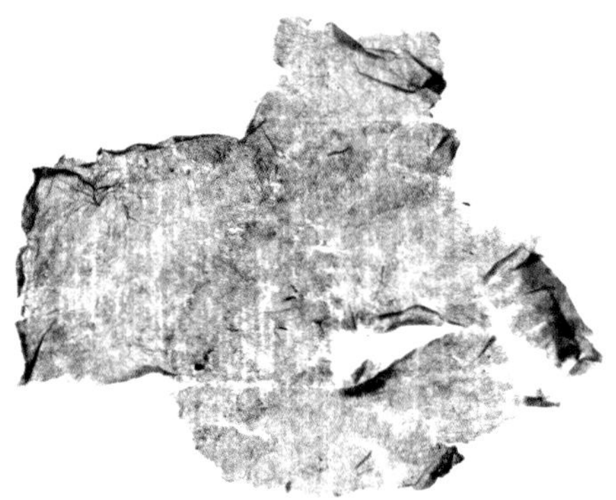

图 2-34　纸 92DXT1116 ①：21 透光照

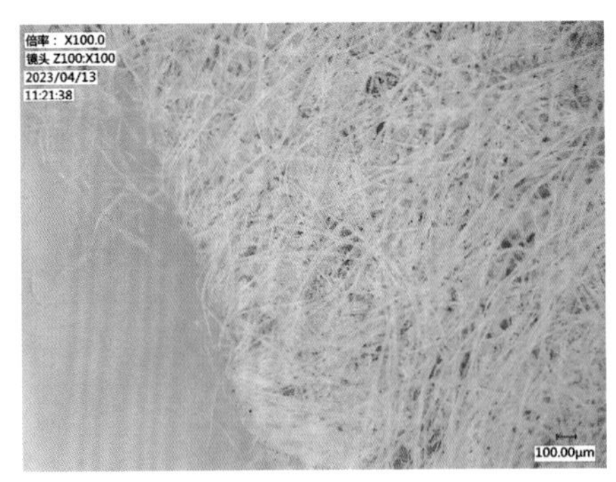

图 2-35　纸 92DXT1116 ①：21 显微图

通过观察该古纸的外观特征发现，其表面光滑，纸张柔软，厚度均匀，纸面整体白度较好。灯光完全能透过该纸张，并能观察到明显的条状帘纹，帘纹密度为8道/厘米。运用超景深显微镜观察该纸，结果显示该纸纤维匀细，并含有填料。对此，李晓岑则认为该纸很薄，为抄纸法所造出的纸张，可能是混入的晚期纸，而不太可能是汉代的纸张。[①]

（2）古纸90DXT212④：5

出土号为90DXT212④：5的古纸，长18厘米，宽12厘米，用厚度测定仪测得平均厚度为0.503毫米，表面褶皱严重，并书写有"付子"二字，纸张呈长方形，四边形状完成，整体呈黄白色。根据同地层纪年简牍判断，其年代为西汉武昭帝时期。

通过观察该古纸的外观特征发现，纸表面相对薄而光滑，厚度均匀，纸面整体白度较好，灯光完全能透过该纸张。运用超景深显微镜观察该纸，结果显示该纸纤维分布均匀，镜下发现一根蓝色纤维，并含有少量填料，从所书字迹来看，具有良好的着墨性。

由以上古纸外观工艺特征可知，此类纸张纤维分散度较好，纤维组织结合紧密。纸张在显微镜下可见大量颗粒状物质，在工艺上应是加入了滑石粉等物质，纸张纤维的紧密度增加。这类纸张颜色较白，更为薄透，纸张有明显的抄造痕迹，甚至少量纸张可通过透光观察到帘纹。

综上所述，这些纸张制作工艺的差距呈现出了造纸技术不断改进发展的过程，据此可对纸张产生的年代加以推论：在传世文献记载中，蔡侯纸从出现即作为简帛的书写替代品，而适于书写的纸张的产生必定要经历一个不断改进的过程。也就是说至少在西汉时期，就已经有较为粗糙的纸张出现，并且在实际使用过程中，当时的人们也在不断改进造纸方法以提高纸张的质量。在蔡伦之前，纸张就已经进入改良的阶段，只是蔡伦又继续推进了造纸技术的发展并且取得较高的成就。我们也可观察

① 李晓岑：《甘肃汉代悬泉置遗址出土古纸的考察和分析》，《广西民族大学学报（自然科学版）》，2010年第16卷第4期，第7-16页。

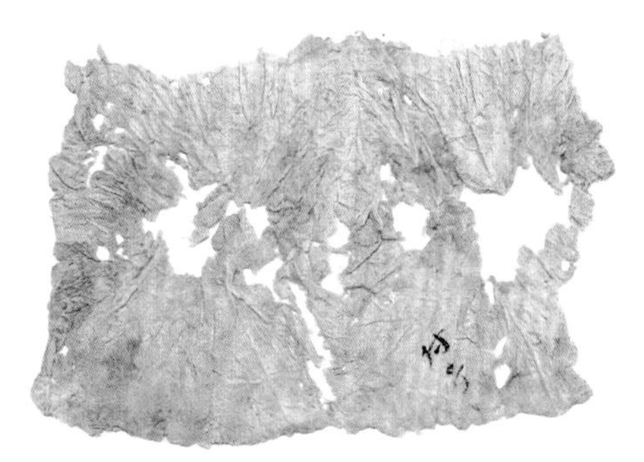

图 2-36　纸 90DXT212 ④：5 现状图

图 2-37　纸 90DXT212 ④：5 透光照

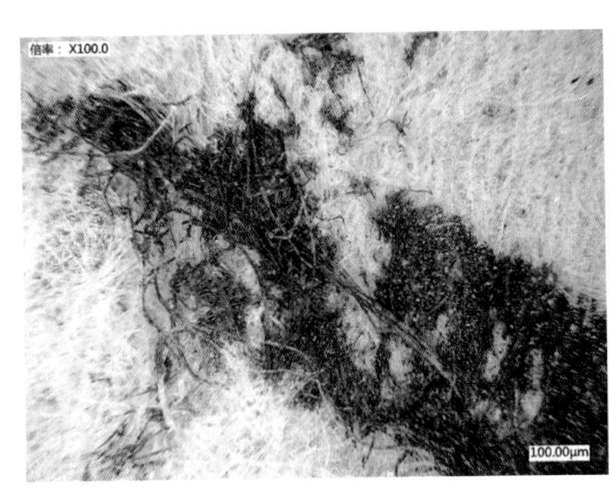

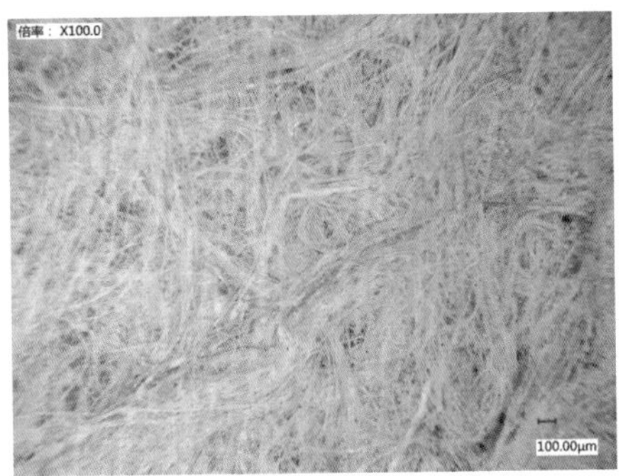

图 2-38　纸 90DXT212 ④：5 显微图

到带有文字的少量纸张都书写在纤维组织结合较为紧密、分散度较高的纸张上面，书写墨迹与纸张纤维贴合较好，而在粗糙的纸张上并未见书写文字或墨迹。这一现象说明早期造纸技术发展到一定程度时，人们才开始意识到纸张可以作为新型书写材料来使用，进而提升纸张的制作工艺，增加纸张的平整度以满足书写的需求。

四、简帛与悬泉古纸的尺寸

文献记载，早在殷商时期就已经开始将简牍作为书写载体。关于简牍的长度，文献记载不一。《汉书 · 艺文志》记载用于书写经书的简牍，每简长一尺二寸，每简书写二十五个字；《后汉书 · 曹褒传》记载书写律令的简牍长二尺四寸；蔡邕《独断》云："策书……其制长二尺，短者半之，其次一长一短。"虽记载简牍长度不同，但已经开始根据简牍使用的不同来规定简牍的尺寸，这说明古人在简牍形制、尺寸方面已经开始形成一定的制度。根据出土的汉简来看，除特殊形制简牍和部分典籍简外，其长度基本为一汉尺（23.70 厘米）。这说明至少在汉代已经形成了相对比较成熟的简牍制度。

早期纸张产生的时候，在幅面大小上也应该会有一定的规定。这种幅面的大小，和当时造纸的模具、技术水平有关。同时，作为新型的书写载体，可能受到了当时作为主要书写载体的简牍的影响，即在尺寸上与竹木简牍保持一定的相似性。并且从实用性角度来说，纸张制作时有相对固定的尺寸，这在一定程度上便于纸张的制作、整理和存放。

在这批纸张中，没有保留下来完整的纸张，因此关于早期纸张的尺寸也是历来讨论的焦点之一。刘仁庆推测古纸的尺寸时认为："从西北地区墓葬中清理出来的多种西汉古纸，通常纸的残片幅面都在 20cm 以下，纸的原有尺寸不详。如果把古书记载和出土实物结合起来考虑，汉代的尺牍为一汉尺，从而推测汉代纸的尺寸一般都不大。"[①] 刘仁庆对古纸的尺寸推测虽不够全面和详细，但是依据简牍尺寸来推测这一方向是正确的。

其实在刘仁庆之前，潘吉星就结合汉代简牍的形制尺寸对早期古纸的幅面进行了较为细致的观察研究和理论推测。潘吉星实测魏晋古纸的直高多在 24 ~ 24.5 厘米，由此推测魏晋古纸应沿袭了汉代书写材料的尺寸。而汉纸会受汉代简册制度的影响，直高可能为 1 汉尺，即现在 24 厘米左右。潘吉星还参照汉代简牍、魏晋写本等实物的尺寸，复原早期使用的抄纸器直高 24 ~ 25 厘米、横长 35 ~ 50 厘米。

潘吉星推测早期的造纸器具为长方形，并且在尺寸上参照简牍的尺寸形制是科学的。汉代古纸特别是成为书写载体后的古纸，必定会受当

① 刘仁庆：《论中国古纸的尺寸及其意义》，《中华纸业》，2010年第17期，第83页。

时书籍制度的影响，从而在直高上会参考简牍的尺寸。简牍编连成册铺展后呈长方形，纸张按照这个形态制作也是合理的，这一点也可以从后期纸张幅面的沿袭上来证明。从敦煌悬泉置出土纸张中挑选可以进行印证的材料时，没有相对完整边角的纸张对于研究汉代纸张尺寸大小，特别是研究纸张直高没有参考价值。笔者对悬泉置残纸进行筛选，挑选出可辨识边角的残纸进行测量，以此来推测汉代古纸的尺寸。

在悬泉置考古发掘简报上提到编号为90DXT416④：1的一张残纸。这张残纸虽有残缺，但四边相对完整，基本为长方形，残长34厘米，宽25厘米，因此被认为是一张纸的尺寸。这张古纸的幅面尺寸符合潘吉星的推测。在敦煌悬泉置出土的纸张中，还有3张麻纸虽有残缺，但基本可见纸张的原始形状，也可以作为推测古纸尺寸的印证材料。

另外，在敦煌悬泉置考古发掘的出土号为90DXT114③：201的纸张残长为28厘米，残宽为21.2厘米。出土号为90DXT114③：200的纸张残长27厘米，残宽22.5厘米。出土号为90DXT114②：261的纸张残长为21厘米，残宽为16厘米。这3张残纸尺寸上都有一个相近值，分别是21.2厘米、22.5厘米、21厘米，我们如果把这3个数值视为纸张的直高，那么3张汉纸的直高相近并且都接近1汉尺。3个数值的差异除了与纸张残缺有关，主要是和纸张的褶皱程度有关。纸张如在平整状态下，直高基本上可以达到1汉尺，因此潘吉星所复原的抄纸器的直高推测基本可以成立的，也就是说纸张在制作时会参照简牍的形制。

上述3张汉代古纸的宽度差别较大，因无完整的纸张可做考证，只能对此进行部分推测。如同简牍因为书写内容的多少、用途等的不同，编连后简册的宽度也会有较大差异，纸张相比简牍来说，可塑性更强，可根据包装物品体积的大小或实际需要进行剪裁，更容易改变幅面的大小，这对证实汉代古纸的尺寸会较大的影响。截至目前对汉代古纸宽度的推论是缺乏实证的，潘吉星也只是根据操作的可行性推测早期纸张的宽度范围。

在纸张出现之前，竹木简牍是记录文字最重要的载体，我们也以此来对纸张幅面进行了推断。但除简牍之外，同时作为书写载体的还有帛书等材料，其中帛书也就是范晔在《后汉书》中提到的“缣”。帛书与纸张在形状上均具有扁平化、可塑性强的特点，并且在制作材料上也有相似的特性，不得不说纸张的产生和帛书有着千丝万缕的联系。我们在探究纸张的尺寸时，是否也可从帛书材料中获得印证信息？在对汉代帛书进行整理探究后，得出的答案是肯定的。

目前已知居延遗址、长沙马王堆、敦煌马圈湾、敦煌悬泉置等遗址出土有汉代帛书，这些帛书大多残损，能给我们的研究提供信息的是敦煌悬泉置出土的一件完整的书信帛书和长沙马王堆帛书。敦煌悬泉置出土的这件帛书，内容为私人书信。帛书长 23.2 厘米，宽 10.8 厘米，帛书的直高正好与 1 汉尺接近。而马王堆帛书在书写文字时更是画有边栏以统一尺寸。裘锡圭认为：“马王堆汉墓帛书，共计十万余字，五十余种，分别抄写在宽四十八厘米的整幅帛和宽二十四厘米的半幅帛上……”[①] 从马王堆帛书的尺寸上来看，亦有直高为一汉尺的帛书。汉代帛书在直高上与汉代简牍的长度一致绝不是巧合，而是在制作时有意为之。汉代最重要的书写载体是简牍，但无论是简牍、帛书、纸张，在尺寸上均呈现出相似性，这就说明至少在汉代时期，在制作和书写时，尺寸上都有要遵循一定的标准。

① 裘锡圭主编：《长沙马王堆汉墓简帛集成（一）》，北京：中华书局，2014年，第1页。

第三章 古纸病害及保护

第一节　古纸常见病害

纸质文物种类繁多，由于造纸材料、加工工艺的不同，使得保存质量也大相径庭。因此研究纸质文物的劣化、老化机理及外观形貌特征，是做好纸质文物保护、利用的前提与基础。纸质文物的劣化或老化显然与纸质文物的原料、加工工艺、保存环境、流传经过、使用方法及使用频率等诸多因素相关，并随时间的推移而逐渐损坏，甚至消失。纸张类文物的病害主要分为纸张本身病害和纸张表面写印材料的病害。

一、纸张本身病害

古纸类文物常见病害主要包括水渍、污渍、皱褶、折痕、变形、断裂、残缺、烟熏、炭化、变色、粘连、微生物损害、动物损害、糟朽、絮化、锈蚀等。下面分类做简要介绍。

水渍：纸张受水浸润而留下的痕迹。

污渍：纸张受污染而形成的斑迹。

皱褶：纸张受各种因素作用在纸张表面形成的凹凸皱纹。

折痕：纸张由于折叠或挤压而产生的痕迹。

变形：纸张因水浸或保存不当导致的整体形状的改变。

断裂：纸张从一个整体断为两个或者多个部分。

残缺：纸张部分出现缺失的现象。

烟熏：纸张受烟雾熏染而使纸张表面变色的现象。

炭化：纸张因火烧等原因而发生纤维素完全降解的现象。

变色：纸张的化学结构因受到物理、化学或生物等因素的影响而发生变化，导致颜色发生改变的现象。

粘连：纸张因受潮、霉蚀、虫蛀等原因发生相互黏接和胶着的现象。

微生物损害：纸张因微生物在其上生长繁殖而受到的损害。

动物损害：昆虫、鼠类等动物活动对纸张造成的污染或损害。

糟朽：纸张因其化学结构发生严重降解，导致结构疏松、力学强度大幅降低的现象。

絮化：纸张因物理、化学或生物因素的影响发生严重降解而呈棉絮状的现象。

锈蚀：铁钉等铁制品对纸张造成的腐蚀。

二、写印色料病害

纸张常见的写印色料病害包括脱落、晕色、褪色、字迹扩散、字迹模糊、字迹残缺等。下面分类做简要介绍。

脱落：写印色料与纸张载体发生脱离的现象。

晕色：颜色较深部位的呈色物质向浅色部位扩散或沾染的现象。

褪色：物理、化学及生物等因素的作用，导致字迹或颜料色度降低或改变的现象。

字迹扩散：字迹边缘呈羽状晕开的现象。

字迹模糊：肉眼观察到的字迹不清晰的现象。

字迹残缺：字迹出现缺失、不完整的现象。

第二节　古纸病害的主要原因

纸质文物的病害是指纸张在使用和保存过程中，由于受到保存时间及外界条件的影响，使纸张的化学组成和分子结构发生变化，从而使纸张性能下降的过程。纸张的劣化主要表现在纸张发黄，纸张强度下降，甚至变成易碎的粉末状物质。造成纸张损坏及糟朽的因素有很多，但最主要的有以下两方面。

一、内　因

纸张本身的组成成分、性质以及纸张的加工工艺，是纸张损坏的主要内在原因。

（一）纸张的组成成分及性质

纸张的主要原料为植物纤维，而植物纤维的主要化学成分为纤维素、半纤维素和木质素，其中纤维素的含量最高。

纤维素是由葡萄糖组成的大分子多糖，分子式为 $(C_6H_{10}O_5)n$，其中 n 为聚合度，聚合度越大，分子链越长，纤维强度越大，耐久性越好。纤维素本身比较稳定，常温下既不溶于水，又不溶于一般的有机溶剂，如酒精、乙醚、丙酮、苯等，它也不溶于稀碱溶液；能溶于铜氨 $Cu(NH_3)_4(OH)_2$ 溶液和铜乙二胺 $[NH_2CH_2CH_2NH_2]Cu(OH)_2$ 溶液等。但纤维素能与氧化剂发生化学反应，生成一系列与原来纤维素结构不同的物质，这样的反应过程，称为纤维素氧化。氧化纤维素是容易老化、泛黄的脆弱物质。此外，纤维素在酸的催化作用下发生水解反应，这是纸张发脆的主要原因。

半纤维素是由几种不同类型的单糖构成的异质多聚体，具有亲水性能，易溶于碱，吸水膨胀，更易水解。半纤维素的稳定性比纤维素差，过多的半纤维素会使纸张发脆。纸浆中存留适量的半纤维素有利于纸浆的打浆，这是因为半纤维素比纤维素更容易水化润胀，半纤维素吸附到纤维素上，增加了纤维的润胀和弹性，使纤维精磨而不是被切断，因此能够降低打浆能耗，得到理想的纸浆强度。若半纤维素含量过低，则不利于打浆和纤维的纵向变细，纸张中适量的半纤维素有利于提高纸张强度。此外，构成半纤维素的木糖很容易被氧化而生成羰基发色团和羧基助色团，因此半纤维素对纸张泛黄也有一定的影响。

木质素是一类复杂的有机聚合物，由于其分子结构中存在着芳香基、酚羟基、醇羟基、碳基共轭双键等活性基团，使其化学性质比较活泼，易发生氧化、还原、水解、光解、磺化、缩聚等许多化学反应。在光照下，很容易发生氧化，而木质素的氧化是纸质文物久置发黄变脆的主要原因。

由此可见：造纸原料中的纤维素最稳定，半纤维素易水解，木质素易氧化，这是造成纸张强度下降、糟朽、霉变的主要原因。因此，对于纸张的质量而言，原料中的纤维素越多，木质素越少，越有利于纸张的保存。

（二）纸张的加工工艺

在造纸原料及化学成分一定的条件下，纸张的生产加工工艺也是影响纸张质量的重要因素。造纸的工艺主要包括手工造纸和机械造纸，我国古代的手工造纸均为手工操作，在生产过程中不使用强酸、强碱及强氧化剂等物质，因此作用较为缓和，纤维受损较小，有利于纸张的长期保存。

近现代的造纸工艺为机械造纸，在用机械方法制造纸浆的过程中，植物纤维因机械磨损变得短而粗、硬而脆，并且形状不规则，使得纸张强度差，容易脆裂。纸张是由植物纤维相互交织而成，植物纤维之间存在大小不同的分子空隙，使得纸张具有一定的吸水性，并且表面粗糙，光滑度不够。为使纸张获得良好的物理和机械性能，以增加纸张的实用性，往往会在造纸过程中进行施胶和加填。

施胶是指在造纸浆料中加入一些抗水性物质和沉淀剂，改善纸张的书写性，提高纸张强度。如造纸工业广泛应用具有憎水性的松香，以用于防止纸张洇化，但松香与纸张纤维之间缺乏粘附力，为了使松香粒能均匀沉淀在纸张纤维上，施胶时必须加沉淀剂明矾。由于明矾为强酸弱碱盐，使纸张呈酸性，这导致纸张易发黄变脆。

加填是指在造纸浆料中往往会加入一些不溶于水的无机物作为填料，最常见的有滑石粉、硅酸盐等，以改善纸张的平滑性、提高纸张白度和柔软性。这些无机物的加入在一定程度上改善了纸张的性能，但同时也带来一定的不利因素，即削弱了纸张纤维之间的结合，并且无机物颗粒之间的研磨作用也使纸张强度降低，致使其耐久性较差。

二、外　因

除了纸张本身的特性及加工工艺，外界条件也是影响古纸类文物保存的重要原因。

（一）温　度

文物保存环境的好坏与库房温湿度的控制有着密切的关系，文物材料、质量和性质各异，所表现的环境承受力也不同。当温度越高时，纤维素的降解反应就越大，纸张的老化速度越快。研究表明，在一定温度范围内，温度每升高 10℃，纸张老化速度平均增加为原来的 1 ~ 3 倍。[①]这是因为高温促使纤维素氧化反应的加强，使纤维素分子链中葡萄糖基上 C_2、C_3、C_6 的羟基氧化成酮基、醛基、羧基，从而大大降低了纤维素本身的强度，缩短了纸张的寿命。相对而言，温度太低又会使纸张变脆，容易断裂。总的来说，低温对纸张的影响比高温小得多。温度越低，纸张的老化速度相对越慢，越利于纸质文物的保存。此外温度忽高忽低，对纸质文物的保护也是不利的。由于温度忽高忽低，会造成纸张中的纤

① 《纸质文物保护修复概论》编写组：《纸质文物保护修复概论》，北京：文物出版社，2019年，第112页。

维忽胀、忽缩，从而影响纸张纤维的抗张强度。由此可见，温度对纸质文物的保存有着至关重要的影响。研究表明，纸质文物保存最适宜的温度为 14 ~ 18℃。

（二）湿　度

与温度相比，湿度对古纸类文物的影响更加明显和重要。潮湿的环境有利于微生物的滋生，不利于古纸类文物的保存。高湿度会破坏纸张结构，使纸张纤维素变潮水解。此外，高湿度会使纸张上耐水性差的颜料、染料，特别是水溶性颜料材料退化、褪色而使字迹模糊。同时也为霉菌的滋生和有害气体的吸收提供了便利。相对湿度在 75% 以上时，微生物生长繁殖较快，使纸张发霉。霉菌及其代谢产物有机酸腐蚀纸张，使纸张发黄、变脆。相反，湿度太低、过度干燥也会引起纸张的变形和拼接处的开裂。另外，潮湿也会加剧有害气体、灰尘等对纸张的损害，如空气中的二氧化硫、三氧化硫、二氧化碳等与水反应生成酸，酸被纸张吸收，而酸又是促使纸张水解的催化剂，同时纸张中的辅料明矾更易水解成硫酸，这样就加速了纸张的变质。所以在保管纸质文物时应控制环境的相对湿度，一般湿度应控制在 55% ~ 65% 范围内。

（三）光

一般来说，辐射光线波长越短，对文物的损害程度就越大。因此光照中的紫外线是造成纸质文物糟朽、损坏的最主要因素。对纸质文物的危害主要体现在对纸质文物主要成分的危害和对纸质文物上颜料的危害。

光对纸质文物组成成分的影响主要体现在光对纤维素的光降解及光氧化降解、木质素的光化学反应等。由于光照中的紫外线能量较高，可使纤维素中的化学键发生断裂，导致纸张发黄、变脆。在有氧存在的情况下，纸张纤维发生光氧化反应，使分子聚合度降低，从而降低纸张的机械强度，加速纸张的损坏。

光对纸质文物上颜料的影响主要体现在：光使纸质文物上的颜料色

调变暗，甚至褪色。颜料的褪色并不是颜料矿物分子的结构发生了变化，而仅仅是光辐射对颜料固色剂产生了影响[①]。

（四）大气中的污染物

大气中的污染物对纸质文物的破坏较严重，它不仅降低纸质文物的机械强度与物理性能，而且破坏纸质文物所呈现的信息，影响纸质材料表面的稳定性与信息的再现性，同时污染纸质文物外表，造成纸质文物材料的化学腐蚀和物理损伤，甚至引入生物因素，使纸质文物长霉，大大降低了纸质文物的使用价值。大气中的污染物对纸质文物损害最大的主要包括有害气体和有害粉尘。

1. 有害气体

大气中的有害气体大致可以分为两类，即酸性有害气体和氧化性有害气体。

①酸性气体

常见的酸性有害气体主要有二氧化硫（SO_2）、二氧化碳（CO_2）、硫化氢（H_2S）、二氧化氮（NO_2）、氯化氢（HCl）等。这些酸性有害气体通常会与库房或展厅空气中的水分结合，形成酸性物质，增加纸张的酸度，使纸张发生水解反应，变成易碎的水解纤维。

SO_2是一种具有刺激性气味的有毒气体，主要来源于煤、油的燃烧，当空气中的SO_2浓度达到$0.5\times10^{-6}\sim1\times10^{-6}$时，就会与空气中的水分结合，形成亚硫酸，附着在纸张上，使纸张酸度增加，表现为纸张发黄变脆，强度降低。反应方程式如下：

$$SO_2+H_2O\rightarrow H_2SO_3$$

亚硫酸极其不稳定，很容易氧化形成硫酸。当纸张中含有硫酸时，将加快纸张纤维素的水解速度，使纤维素聚合度降低。当纤维素的聚合度持续降低，纸张就会酥化成粉末。反应方程式如下：

---

① 郭宏：《文物保存环境概论》，北京：科学出版社，2001年，第102页。

$2H_2SO_3+O_2 \rightarrow 2H_2SO_4$

环境中的湿度越大，纸张越潮湿，越容易吸收二氧化硫变成硫酸，纸张酸度越大，对纸张文物的影响越大。

H_2S 是一种无色，有刺激性气味的气体，溶于水后形成氢硫酸。氢硫酸是一种弱酸，容易氧化，在光照下被氧化成单质硫。氢硫酸不仅有漂白作用，使纸质文物表面材料褪色，而且促使纸张纤维素水解，使纸张严重受损。

② 氧化性有害气体

大气中常见的氧化性有害气体主要有氮氧化物（NOx）、氯气（Cl_2）、臭氧（O_3）等。

二氧化氮（NO_2）是一种具有恶臭气味的有毒气体，与水反应生成硝酸。反应方程式如下：

$3NO_2+H_2O \rightarrow 2HNO_3+NO$

硝酸即强酸，又是一种强氧化剂，不仅能加速纸张纤维的水解作用，而且使纸张纤维发生氧化反应，使纸张变脆而分化，降低纸张强度。

氯气（Cl_2）为黄绿色有刺激性气味的气体，易溶于水，从而形成盐酸和次氯酸。次氯酸不稳定，在光照下发生分解反应。反应方程式如下：

$Cl_2+H_2O \rightarrow HCl+HClO$

$2HClO \rightarrow 2HCl+O_2$

产生的 HCl 会加速纸张纤维素的水解，产生的新生态氧有较强的漂白作用，会使纸质文物中的一些颜料褪色。

臭氧是一种氧化性气体，可以使纸张中的纤维素氧化为易碎的氧化纤维素，使纸质文物出现发黄、变脆、颜料褪色等现象。

2. 有害粉尘

粉尘是悬浮在空气中的矿物和有机物质微粒，主要来源于自然界以及人类生产生活中，其组成成分相对较复杂。大气中的粉尘主要包括沙土、煤屑、烟渣、金属氧化物、花粉、固体物质、有机物质微粒等。这些有害粉尘落到纸张上，随着纸质文物的翻阅、整理、使用，会引起纸质文物与粉尘颗粒的摩擦，造成文物表面字迹的模糊，降低纸张强度。此外粉尘易吸收空气中的水分，在纸张表面形成一层具有相对湿度的灰层，为有害气体的渗入提供了有利条件，而且使粉尘的酸度增加，破坏纸张中的纤维素，对纸质文物有酸化、腐蚀作用。尘埃还是微生物寄生与繁殖的庇护所，也是各种霉菌孢子的传播者，许多纸质文物的腐朽、霉烂与尘埃的带菌传播息息相关。

（三）微生物对纸质文物的损害

纸张的纤维是有机质，在制纸过程中加入淀粉、动物胶、装订书籍及装裱书画时使用的浆糊等，为微生物等提供了丰富的食物，如在温湿度适宜的条件下，微生物和昆虫就会迅速繁殖蔓延，导致纸质文物发霉、腐烂、字迹不清，甚至碎成粉末。真菌生长繁殖既需要很多养料成分，也需要适宜的温度和湿度，环境条件的转变能够使真菌的生理、形态有所变化。在pH达到85%～100%时，真菌生命力最为旺盛；在pH值为38%～40%时，真菌孢子仍可以成活。因此周围环境水分越发充沛，真菌的生命力就会越顽强，真菌的发育和繁殖速度就会越来越快。被真菌污染过的地方，纸张pH值会快速增加，在情况严重时，90天左右可出现高达7%的草酸，致使纸张出现腐蚀和发黄的情况。同时，真菌还能够分泌出有机酸，加强纸质文物酸性，使纸张出现酸老化现象，纸质变脆，严重影响了纸质文物的保存年限。在繁殖中，真菌会分泌出带色物质，导致文物表面出现各种颜色的斑点，这也就是纸张中最常见的微生物病变。

（四）虫害对纸质文物的损害

虫蛀鼠害对纸质文物的损害非常严重，可使纸质文物出现孔洞，重则千疮百孔，污迹斑斑，残缺不全，甚至呈粉末状。危害纸质文物的害虫最常见的有几十种，且分布广泛。我国当前发现的害虫类型有烟草甲、毛衣鱼和书虱等，它们有着顽强的生命力，在没有适宜的生产环境或者没有食物时，它们能够在纸张上休眠，在达到一定温度后，就会快速繁殖。可见，环境的潮湿度影响着虫害繁殖的速度。其中，毛衣鱼和书虱严重危害着纸张纤维。毛衣鱼在我国各地区都有分布，是室内普遍存在的一种害虫。

（五）酸　化

中国古代的纸张是以植物韧皮纤维为原料，用草木灰或石灰蒸煮，以日光漂白纸浆，其造纸工艺确保了中国古纸呈微碱性或中性，故以宣纸为代表的中国古纸有“纸寿千年”的美誉。但近年来发现，中国的古字画、古书都有呈酸性的现象。酸催化纸张的主要成分纤维素水解，使构成纸张的主要成分纤维素的聚合度降低，最后纸张脆化直到成为纸灰。纸内的酸来源相当广泛，外界条件的变化都可能使古纸酸化，古纸纤维因保留时间过长也会老化后产生酸。

造成古纸酸化的因素有以下几方面[①]。

1. 纤维自身的老化

由于保存年代久远，古纸纤维被氧化后也会使原为中性或弱碱性的纸张呈酸性。研究表明，纸张酸化主要是纸张纤维成分被氧化后所产生的有机酸造成的。纸张组成成分中的木质素和半纤维素是纸张纤维中最易被氧化的，纤维素也会随时间的推移而老化并产生有机酸，如羧酸等。因而，古纸纤维随保存时间的推移也会使纸张酸性缓慢增加，造成纸质文物的老化糟朽。例如，与藤、皮、麻、棉纤维相比，竹纤维含有更多的木质素与半纤维素，因此竹纤维纸就更容易因时间而酸化。需要注意的是，纸张内一旦产生了酸，酸性条件下的纤维更加容易被氧化，成为纸张纤维素水解的催化剂。所以，一旦发现纸张酸化，其受损的状况会加速进行，

① 刘家真：《古籍保护原理与方法》，北京：国家图书馆出版社，2015年，第27-28页。

这也就是为什么要对酸化后的重要或珍贵的文献加以抢救的原因。

2. 不良的储藏环境

不良的储藏环境是古纸酸化的重要因素。储藏环境中的空气污染物以及光照等都会造成古纸的酸化，这些酸有的来自于纸张吸收的二氧化硫（SO_2）和二氧化氮（NO_2）等酸性气体，有的是纸张纤维被空气中的氧化剂和光破坏而从纸张内部产生的酸。纸张是多孔材料，对空气污染物具有较强的吸附力。空气中大量的酸性污染物（如二氧化碳、二氧化硫、氯气等）都会直接被纸张吸附并溶入纸张内部所含的水中，直接使纸张酸度增加、pH 值下降，纸张纤维因被酸化而泛黄和脆化。环境中的氧化剂，如氧气、臭氧、氮氧化物、硫氧化物和其他氧化剂都会氧化纸张纤维，使纸张不断产生酸性物质。研究表明，若纸内含有铁离子和铜离子，纸张纤维被氧化而产生酸的过程会加速。被氧化的纸张纤维在随后的酸性水解中更容易出现形体损坏问题。此外，热与潮湿也会加速古纸的酸化。

3. 不良装具

装具（特别是内装具）是与纸质藏品直接接触或构成对纸张影响最大的微环境的材料，不良装具会直接导致纸张酸化或加速纸张酸化。

① 装具用材直接释放酸性气体

有些装具（如木材）会向环境缓慢地释放酸性气体，由此在藏品周围构成酸性的微环境，纸张吸附这些酸性气体后就直接被酸化了。

② 装具用材的酸迁移到藏品的纸张

大量的调查与实践表明，酸中的氢离子能在同一载体之中或与之紧贴的载体之间移动，即酸的破坏作用具有迁移性。纸质藏品的内装具，如书盒、函套、夹板等，若用酸性材料制作，酸性材料中的酸就会直接迁移到与之接触的纸质藏品上。除装具外，用酸性纸或现代印刷品（如报纸）接触、覆盖或包裹纸质藏品，都会使酸性物质迁移到古纸上，造成古纸的酸化。

4. 霉　菌

构成纸质文物的纤维为多糖结构，能为真菌的生长提供丰富的营养物质，在适宜温湿度条件下，空气中的真菌孢子容易在纸质文物中滋生，导致纸质文物产生霉菌病害。发霉的纸张，酸性必然增加，因为霉菌在繁殖过程中会排出酸性物质。此外，黑曲霉在生长过程中能产生草酸等有机酸，还能分泌淀粉酶、纤维素酶等产物；木霉能产生柠檬酸等有机酸和很强的纤维素酶。这些酸性物质和纤维素酶等会协同加速纸张的酸化和老化。一般说来，纸张霉变时间越长，其酸度会越高，即pH值会越低。被霉菌污染的纸张如不进行脱酸处理，将会持续加速文物的酸化。

5. 金属离子的附着

金属离子一般来源于含有铜、铁的染料和颜料。含铜的颜料在古代工笔重彩画中应用较多，含铜颜料容易氧化形成醛基和酮进而形成羧酸，或游离出乙酸根离子，这两种物质都会造成纸张酸化。

6. 明矾的引入

古纸文物中的明矾以胶巩水的形式引入，胶巩水由明矾和胶料按照一定比例配制而成，是古代书画装裱、调配颜料、熟化纸张必不可少的材料。胶巩就像一把双刃剑，虽为绘画和装裱提供了保护，但容易导致古纸文物酸化。只要纸张中有“明矾”的身影出现，其寿命将大幅缩短，明矾加速纸张酸化的原理如下：

$$KAl(SO4)_2 = K^+ + Al^{3+} + 2SO4^{2-}$$

$$Al^{3+} + 3H_2O = Al(OH)_3 + 3H^+$$

当发生如上两种化学反应后，伴随氢离子（H+）的增加，使得纸张pH值降低，出现纸张酸化现象。

7. 人为损害

除客观因素外，人为不当操作也是造成古纸损害不容忽视的原因。由于收藏单位保管人员专业素质、保护意识参差不齐，因此在保管、取拿等方面都会对文物造成一定的损害。纸质文物是很脆弱的，在纸质文物保护工作中，人为损害一般包括水浸、褶皱、撕裂等。由于高频率对纸质文物进行观赏、翻阅等，使得指纹、汗渍等污迹留存在文物表面，对文物造成损伤。此外，由于有时阅读者的粗心，撕裂书页，往往会造成书籍断线、中缝开裂、书口破损等现象。因此，在移动、存放过程中，使用正确的拿取方法，矫正不良的工作习惯，可以减少对纸质文物的损害。

第三节　古纸的保护方法

纸质文物由于制作、使用及保存中的不利因素，一般较难长期保存，而且一旦遭到破坏，纸张强度会迅速降低，因此对于纸质类文物的抢救性保护刻不容缓。古纸类文物保护的基本思路是“预防为主，防治结合”。

一、古纸表面污染物的清除

古纸类文物在长期的存放及展出的过程中容易积灰，为了防止灰尘对纸质文物的机械磨损、侵蚀等破坏，需要及时对纸质文物进行除尘清洁保护。对于纸质文物表面的浮尘，一般采用软毛刷或者软绸子拂去，此外还可用小型的吸尘器除去纸质文物上的灰尘；纸质文物表面不太顽固的污渍，可用软橡皮等轻轻擦去；纸质文物由于污染物而粘接在一起时，可用水或有机溶剂浸湿，待软化后小心揭开。

二、古纸表面污斑的清除

古纸类文物常见的污斑有油斑、墨水斑、水斑、泥斑、锈斑、霉斑、虫屎斑等。对于一般的水斑、泥斑等易于清除的斑迹，可直接用蒸馏水清洗。清洗前需做点滴实验，以确保字迹没有洇化、褪色现象。蜡斑的清除，首先应小刀除去大块的蜡斑，然后在蜡痕下边衬滤纸或吸水纸，用热熔衬吸法使蜡融化并被衬纸吸收；也可用甲苯、汽油等有机溶剂加以清除，操作过程中要注意安全、防火。油斑通常采用乙醚、丙酮、四氯化碳等有机溶剂溶解清除。锈斑一般采用稀酸溶液轻轻洗除。霉斑一般利用双氧水、次氯酸钠等氧化去除，也可用吸墨纸吸取木瓜蛋白酶或米汁去除。虫屎斑用吸墨纸吸取木瓜蛋白酶或米汁去除。[①]

① 王蕙贞：《文物保护学》，北京：文物出版社，2009年，第164-165页。

三、古纸类文物脱酸处理

纸质文物中含有的酸性物质会越积越多，对文物本身的危害也会越来越大。常见的黄斑、脆化现象发展到严重时会将纸张腐蚀成小洞，使耐酸性差的纸质文物出现字迹褪色、变色等。此外，纸张中的酸在加速文物老化、损毁的同时还出现虫蛀和霉斑现象。由于酸性物质为纸质文物带来了非常严重的危害，脱酸将是改变纸张性质的唯一途径。常见的纸质文物脱酸方法主要分为：湿法脱酸、干法脱酸、气相脱酸。

（一）湿法脱酸

湿法脱酸又叫水溶液法脱酸，指以碱性水溶液对酸性纸张进行浸泡，以达到去酸的目的。水是一种溶剂，既可以稀释纸中的酸，也能清洗掉有害杂质，如铜、铁离子等。研究表明，硬水中含有少量的金属钙、镁离子，其脱酸效果较好。继硬水作为纸张脱酸液之后，各种碱性水溶液脱酸的方法也相继产生。其中常用的有石灰水法、氢氧化钙和重碳酸钙法、碳酸氢镁法。

1. 石灰水脱酸法

具体操作是把纸张平放在塑料丝网上，放在石灰水的饱和溶液中大约浸泡 20 分钟，中和纸张中的酸，然后将纸张放入重碳酸钙溶液中浸泡 20 分钟，纸张上有碳酸钙沉积，这样处理既能脱酸又能在纸上残留碳酸钙，起到抗酸缓冲剂的作用，从而延缓纸张文物的老化。石灰水脱酸法是一种传统的纸张脱酸处理方法，其优点是简便易行，但也存在会减弱纸张强度的缺点。因此并未得到广泛的应用。

2. 氢氧化钙和重碳酸钙脱酸法

氢氧化钙和重碳酸钙法是把纸张在 0.15% 的 $Ca(OH)_2$ 溶液中浸泡 20 分钟，然后取出浸泡在 0.2% 的 $Ca(HCO_3)_2$ 溶液中约 20 分钟，使过量的氢氧化钙转变为碳酸钙。碳酸钙沉积在被处理的纸张上，起到抗酸、缓冲作用，防止纸张进一步酸化。其脱酸原理如下：

$Ca(OH)_2+CO_2 \rightarrow CaCO_3\downarrow+H_2O$

$Ca(HCO_3)_2 \rightarrow CaCO_3\downarrow+H_2O+CO_2\uparrow$

3. 碳酸氢镁法

碳酸氢镁法是先制备 $Mg(HCO_3)_2$ 溶液，在碳酸镁（$MgCO_3$）溶液中通入二氧化碳（CO_2），使溶解度较小的碳酸镁转化为溶解度较大的碳酸氢镁（$Mg(HCO_3)_2$）溶液（其水溶液 pH 值为 8.5 ~ 9 即可），然后把纸张放在塑料网上，在配制好的溶液中浸泡 25 分钟，取出晾干即可。其脱酸原理如下：

$MgCO_3+H_2O+2CO_2 \rightarrow Mg(HCO_3)_2$

$Mg(HCO_3)_2+2H_2O \rightarrow Mg(OH)_2+2HCO_3$

$2HCO_3 \rightarrow H_2O+2CO_2\uparrow$

$Mg(OH)_2+H^+ \rightarrow Mg^{2+}+H_2O$（酸碱中和反应）

残留在纸张上的过量 $Mg(HCO_3)_2$ 在空气中逐渐分解，形成 $MgCO_3$。该物质附着在纸张表面，防止纸张再次酸化，对纸张起到进一步的保护作用。

$Mg(HCO_3)_2$（分解）$\rightarrow MgCO_3\downarrow+H_2O+2CO_2\uparrow$

湿法脱酸的优点是碱溶液可以渗入纤维内部，脱酸效果好；残留的碱液可以防止纸张进一步酸化。缺点是不适用于水溶性字迹档案，会引起字迹淡化，洇化；湿法脱酸过程中的浸泡、挤压等工艺易造成糟朽纸张起皱，更甚者使纸张破损；由于湿法脱酸只能单页操作，使得操作工序繁杂，费时费力。

（二）干法脱酸

鉴于湿法脱酸存在诸多弊端，干法脱酸技术（有机溶剂脱酸法）就应运而生了。干法脱酸是指用碱性物质与有机溶剂来脱除纸质文物中酸性物质的方法。研究表明，金属和醇生成的醇盐是一种温和的无机化合物，其在纸张上能保留比较长的时间。

常用的干法脱酸主要有以下几种。

1. 甲醇镁 - 甲醇法脱酸

甲醇镁 – 甲醇溶液是有机溶剂纸张脱酸法中使用效果令人较为满意的一种方法。甲醇镁是一种醇盐，它的碱性不仅能中和纸张中的酸性物质，而且残留在纸张上的甲醇镁可以吸收空气中的水汽很快生成 $Mg(OH)_2$，$Mg(OH)_2$ 与空气中的 CO_2 结合形成 $MgCO_3$，使纸张具有抗酸的缓冲作用。反应机理如下：

$$(CH_3O)_2Mg+2H_2O \rightarrow Mg(OH)_2+2CH_3OH$$

$$Mg(OH)_2+CO_2 \rightarrow MgCO_3+H_2O$$

甲醇镁 – 甲醇法脱酸也存在一定的问题，即甲醇溶液可能会使纸张上的墨迹等洇化、褪色等，损伤文物。

2. 韦托法脱酸

韦托法是利用甲醇镁 – 甲醇、氟利昂混合溶液作为脱酸剂，即 5% 的甲氧基碳酸镁、10% 的甲醇和 85% 的氟利昂配制而成的混合溶液。脱酸过程为：先将需要脱酸的纸质文物放入金属丝框内，并将此放在干燥箱内干燥 24 小时，脱除纸张中的水分，使纸张中的含水量降低到 0.5%。然后将金属框放入脱酸处理箱中，加入脱酸溶液，适当加热加压，使脱酸溶液完全渗入纸张文物内部，大约 1 小时后抽去脱酸溶液，并进行真空干燥，之后再通过恒温恒湿环境使纸张恢复最初状态，同时对于需要加固的纸张还可以通过加入丙烯酸树脂进行加固。

韦托法脱酸的效果比较显著，经脱酸后的纸张 pH 值一般为 8.5 ~ 9.5，呈弱碱性。此外，纸张上残留的碳酸镁、氢氧化镁等碱性物质，可提高纸张的抗酸缓冲作用。但是韦托法脱酸也存在一些不足，如：脱酸不均匀，字迹洇化、褪色等；采用氟利昂为溶剂不符合环保理念；对档案脱水处理的操作程序复杂。该方法是否会对档案造成二次损害在业内也颇有争议，因此该方法并不是理想的脱酸方法。

3. 巴特尔脱酸法

巴特尔脱酸溶液的配置方法是将 10% 的乙氧化镁、14% 的乙氧化碳和 6% 的 4- 异丙基钛酸酯等溶于 70% 的 6- 甲基硅烷溶液中，经搅拌均匀而得到脱酸溶液。这一方法取代了韦托法中的氟利昂，以减少对环境的污染；同时去酸纸张的 pH 值提高到 8 ~ 9，且在纸张上留下 1% ~ 2% 的碳酸镁作为碱性缓冲剂，用以抵御酸的再形成，使纸张得到进一步的保护。

4. FMC 脱酸法

FMC 脱酸溶液是用二丁氧基碳酸镁溶解于庚烷溶液而成的脱酸剂。FMC 法脱酸不含醇类物质，脱酸的同时还可对纸张进行加固处理，将脱酸与加固处理相结合。因此 FMC 法是一种较为安全、有效的脱酸方法，有较好的应用前景。FMC 法脱酸的不足之处是对纸质文物有不同程度的损害，处理后的纸张因吸收水分，产生明显的变色现象，使纸张上的墨迹、颜料出现一定的褪色现象。

（三）气相脱酸

气相脱酸法是利用气化或挥发形成的碱性气体处理纸质文物。在真空条件下，碱性气体充分渗入书本、文献中使纸张脱除酸性，是较为有效的脱酸方法之一。目前常用的气相脱酸方法有以下几种。

1. 氨　法

氨法脱酸是指将需要处理的古纸文物放在真空箱中，然后通入 1 : 10 的稀氨水溶液，经 24 ~ 36 小时处理即可中和酸，使纸张 pH 值达到 6.3 ~ 7.2，其反应方程为：$NH_3+H^+ \rightarrow NH_4^+$。但由于其脱酸效果不理想，没有碱残留，耐久性差，再加上氨气为窒息性气体，对人眼、肺均有强烈刺激而停止使用。

2. 碳酸环己胺

碳酸环己胺作为气相脱酸剂是由 Langweel 首先提出。碳酸环己胺呈酸性而非碱性，在气化过程中能分解成碱性环己胺，才具有脱酸的作用。其方法是将滤纸浸泡在碳酸环己胺的饱和溶液中，然后将它夹在书籍中，一般每 25 页夹 1 张。如果多孔薄纸可间隔更多页。利用环己胺的渗透性，可以达到纸质文物脱酸的目的。由于环己胺的毒性会致癌、使人生理活性组织诱变、降低纸张光泽等原因，没有得到广泛应用。①

3. 吗 啉

吗啉，又称吗啡林，是一种有机化合物，分子式为 C_4H_9NO，常温下是一种无色油状液体，有吸湿性和氨的气味。能溶于水、乙醇和乙醚，在真空条件下与水混溶转变为蒸汽。具体脱酸方法如下：先把需脱酸的书籍放进真空处理箱，然后用真空泵抽至真空度为 66.661 ~ 133.322Pa，再向处理箱通入 4 ∶ 6 的吗啉和水汽的混合气体，待反应 10 分钟后，将空气注入处理箱，使箱内压力保持在 93.32kPa，让空气冲洗剩余的吗啉气体，最后开箱取出，整理入库。

吗啉脱酸法有规模化、可批量处理、速度快、费用低、处理效率高、明显降低纸张老化速度、脱酸效果稳定等优点，但这种方法对火棉胶封面、皮封面颜色有影响，使新闻纸发黄，处理过程不能加固。此外，对仪器、设备要求较高，因此很难广泛推广应用。

4. 二乙基锌法②

二乙基锌法是 1976 年由美国国会图书馆化学家凯利（George.B. Kelly）和威廉斯（John Williams）对非胺类脱酸剂进行的研究发明并获得专利。二乙基锌是金属有机化合物，其分子式为 $(C_2H_5)_2Zn$，无色、沸

---

① 中国文化遗产研究院，黄克忠，马清林：《中国文物保护与修复技术》，北京：科学出版社，2009年，第421页。

② 王蕙贞：《文物保护学》，北京：文物出版社，2009年，第170-172页。

点为 118℃，有水果味，具有吸湿性，化学活性极高，对空气极为敏感，遇水和氧会发生猛烈爆炸。由于二乙基锌能同多种无机物和有机物发生反应，既能同酸反应生成相应的盐和烃，又能同水反应生成碱性氧化物。对植物纤维又不会有破坏作用，因此，选用二乙基锌作为纸张脱酸剂是十分有利的。反应原理如下：

$$(C_2H_3)_2Zn+2H^+ \rightarrow 2C_2H_6+Zn^{2+}$$

当二乙基锌渗入纸张纤维内部同酸发生反应，同时与纸中微量水以及和纸张中纤维素羟基反应：

$$(C_2H_5)_2Zn+H_2O \rightarrow (C_2H_5)ZnOH+C_2H_6\uparrow$$

$$(C2H5)_2Zn+H_2O \rightarrow C_2H_6+Zn(OH)_2$$

同时二乙基锌与纤维素羟基反应：

$$Cell-OH+(C_2H_5)_2Zn \rightarrow CeLL-OZn(C_2H_5)+C_2H_6\uparrow$$

$$CeLL-OZn+(C_2H_5) \rightarrow {}_2Zn+2H_2O \rightarrow CeLL-OH+Zn(OH)_2+C_2H_6\uparrow$$

从上述反应可以看出，二乙基锌不仅能有效中和纸张内的酸，而且与纸张纤维素反应，抑制纤维素水解，并在纸面上沉积定量的氧化锌（ZnO），对环境中酸的侵蚀有一定减缓作用。研究表明：氧化锌在光照和潮湿条件下，对纸张中纤维素的光氧化有催化作用。因此，在二乙基锌脱酸过程中加入二氧化碳，将沉积于纸张内的氧化锌转变成碳酸锌，使脱酸效果更理想。

$$ZnO+CO_2 \rightarrow ZnCO_3$$

实践证明经二乙基锌处理过的纸张 pH 值在 7 ~ 8，对纸上书写或印刷的字迹、颜料基本无影响，也无形变发生，且脱酸效果好，可批量处理，而且碱沉积均匀，有利于纸张的长期保护。

第四节　古纸修复

文物修复是指运用传统工艺和现代技术手段直接在文物上进行物理和化学的修复措施，以保存和认识文物的艺术和历史原貌，减缓或终止文物病害，保证文物安全并能使其长期保存，是文物保护的重要组成部分。文物修护的原则是实事求是地展现文物本质，保存文物的真实性，并尽可能地通过科学的手段对文物进行修复，在修复中要充分考量文物自身特性，遵循修旧如旧的原则。

古纸文物既然已经损坏，就必须进行修复，尽量使其恢复原有的面貌，并且得到一定强度的加固，便于后续的保存利用。常见的古纸类文物的修复包括传统修复方法和现代修复技术。

一、古纸修复的原则

（1）最少干预原则。

（2）可逆性或不影响今后再修复的原则。

（3）修旧如旧原则，就是在修复中尽可能保持古纸文物的原貌，保留文献的装帧风格。

（4）最大限度保留历史信息的原则，即修复中所用的修复材料（纸张、线、颜料、墨等）必须与原始文件的材料有一定的色差，避免与藏品本身固有的历史信息混淆。

（5）安全耐久性原则。

二、传统修复工艺

传统的古纸类文物的修复技术主要是通过师徒的形式传承。正是由于我国历代古籍修复大家的刻苦钻研，薪火相传，才使得很多传统技艺被传承下来。其中，最主要的技艺有托裱法、纸浆修补法、去污法、水洗法等。

（一）托裱法

中国传统托裱技术已有1000多年的历史，即在古籍书页的背面托上一层薄厚适宜的纸张，一般适用于破损面积较大，出现霉烂、纸张老化、焦脆等现象的图书资料。古籍由于受潮日久，形成糟朽，无法阅读。有的古籍，受风吹、日晒、烟熏变得焦脆，似烟叶状，一触即碎，难以翻阅。这类古书的修复，同霉烂书一样，必须使用托裱法。字画经托裱后既美观又便于观赏和保存。托裱法不适用于两面有文字的纸质文物保护。

（二）去污法

去污法主要用于清除古纸文物表面的灰尘或泥土，可采用毛质软排笔慢慢刷去污斑上的浮土和易被刷下的泥迹；泥厚者可用小刀由泥斑中心顺着纸纹向外刮；如有破裂，则顺着纸张裂缝的方向刮。

（三）纸浆修补法

已残破脆弱的纸张，除用传统的托裱技术保护外，还可采用新型的纸浆修补法。纸浆修补技术是利用古代手工造纸的原理在纸张破损部位直接加入纸浆让其成纸。成纸的大小与破损面积相等，厚薄基本一致且破损处周围无加厚的感觉。手感、外观均较传统托裱法好，纸浆修补的同时还起到加固保护的作用。

（四）水洗法

水湿会导致书籍霉烂，即便是及时晾开，也会有许多书页黏在一起。长此下去，这些书页会发黄发黑。处理水湿的技巧比较复杂，要用水将要洗的书页涤荡、洗刷，再晾干、压平。对于有油污的书，如蜡油，由于油溶于水，必须用“熨烫法”，即在油污书页的两面，各垫两三张吸水纸，用热熨斗熨烫吸水纸，使油溶化在吸水纸上，必要时可以反复几遍。冲洗书页之后，拿毛笔进行局部清洗，将冲洗时没有洗干净的部位再刷洗一遍，这样做完之后才会进行撤水处理。待古籍晾干后可进行装订。

三、现代修复技术

由于传统修复技术存在一定的局限性，并不能适用于所有的纸质类文物。因此将传统与现代技术的结合，始终是文物修复工作者的重要课题。目前，古纸类文物的修复过程中所涉及的现代技术主要有对纸张的脱酸处理和丝网加固技术。

（一）古纸脱酸处理

上文已经提出酸化是纸质文物受到毁坏的主要因素之一，毁坏的纸质文物中常存在大量的酸性物质，清除其中的酸性物质就可以降低其毁坏率。经过脱酸处理，可以抑制纸张老化速度，实现纸张文物的长久性保存。常用到的纸张脱酸方法有湿法脱酸、干法脱酸和气相脱酸，此处不再做详细介绍。

（二）丝网加固法

丝网加固法又称网膜保护法，其方法是在被处理的纸张两面各加一层透明的网膜，利用溶剂或加压来提高纸的强度。丝网加固技术适用于加固糟朽脆弱、破碎的纸张，尤以薄纸见长，特别适用两面书写或印刷的脆纸及遇水（或溶剂）字迹渗化而不便使用传统托裱的纸质对象。其做法是用蚕丝和树脂制成网膜，将纸张夹在网膜中间，在一定温度（80 ~ 140℃）和压力（8 ~ 30Kg/cm^2）下加热压合，从而使丝网固结在纸张上。经过处理的纸张具有很好的透明度，增加纸张的强度，防霉抗老化，有可逆性，能保持原貌。

古纸文物修复工作质量的好坏，与古纸的保存和使用寿命息息相关。因此，合理开发和应用现代科学技术手段，并继承传统古籍修复技术的优点，应用新型的技术手段弥补传统技术的不足，做到新旧交融、中西结合，有助于不断完善古纸类文物的修复保护方法。此外，还要不断提高纸质文物保护修复人员的技术水平。

第五节　古纸文物与现代分析技术

古纸文物作为文字资料的载体，是人类文明和社会进步的历史见证，也是研究历史发展、时代变迁和科技进步的重要史料，具有极其重要的历史价值、科学价值和文化价值。相比其他文物，古纸文物的有机质属性使其更易受保存环境的影响而出现劣化和降解现象，导致文物本体及其负载的历史信息严重流失[①]。因此如何利用现代仪器分析技术提升古纸文物保护及研究的科学性是目前面临的重要问题。随着现代科学技术的发展，许多现代分析检测技术被应用到古纸文物保护中，主要用于科学评判古纸文物的老化机理、病害分析、化学成分和组成结构、真伪鉴别及状态评价等方面，并在此领域发挥着越来越重要的作用[②]。

一、古纸文物表面形貌及制作工艺分析技术

文物的表面特性很大程度上决定了文物的使用寿命和保存年限，一般情况下，文物的风化及腐蚀都是从表面开始的。古纸文物表面存在的颜料、印泥和墨迹等物质，进一步加速了纸质文物的糟朽、腐化。此外通过古纸文物的形貌和纤维分析，可以初步判断造纸纤维的加工工艺，进而可以了解当时的造纸工艺[③]。因此，古纸文物材料表面性质的研究对其保护和后续保管收藏具有重要的意义。

---

① 杨海亮，郑海玲，周旸等：《无损检测技术在纺织品文物保护中的应用》，《无损检测》2021年第43期，第10-16页。

② 徐文娟：《无损光谱技术在纸质文物分析中的应用研究进展》，《文物保护与考古科学》，2012年第24期，第41-44页。

③ 谭敏，王玉：《纸质文物的无损和微损观察分析方法》，《文物保护与考古科学》，2014年第26期，第115-123页；方媛，陈亦奇，毛芳等：《荆州博物馆馆藏明清刻本纸张原料及制作工艺分析》，《文物保护与考古科学》，2021年第33期，第80-88页。

（一）光学显微镜

光学显微镜是利用光学将微小物体放大成像，以供人们提取细微结构信息的光学仪器。其主要用来观察被测物质的显微结构，借以弄清物质的组成及相关性能之间的关系[①]。通过偏光显微镜、纤维分析仪及超景深显微镜，能够较好地获取文物的原料和工艺信息。李诺等[②]利用光学显微镜等设备，通过分析检测来验证纤维形态及形貌等对纸张性能的影响，对纸质文物的纤维形态及形貌等进行分析，确立了专门针对书画类文物纤维的检测方法。李晓岑等[③]利用纤维分析仪对新疆民丰东汉墓出土古纸进行分析研究，对古纸的造纸工艺和原料进行分析鉴定，结果表明新疆民丰东汉墓古纸所用造纸原料为麻类纤维，也确定了该纸的造纸方法为浇纸法。谭静等[④]利用纤维分析仪观察了四种不同类型纸张纤维的显微形貌，并测量纤维的长度和宽度，通过分析测定，发现制作工艺对纸张的纤维形态会产生影响，进而影响纸张的紧度和强度等。宋晖[⑤]介绍了显微技术在纸质文物鉴定与修复中的重要作用，利用超景深显微镜了解纸张表面情况、测得纤维长宽等数据，通过获得的数据为文物鉴定与修复工作提供了实际的参考依据，并为文物修复用纸的选择及文物断代提供了重要参考。光学显微镜作为一种经典且普及广泛的显微技术，凭借其操作简单、非破坏性、用途广泛等特点，在文物保护方面有广泛的应用，但也存在

---

① 刘畅：《手工纸显微图像分析》，北京：清华大学出版社，2016年，第6页；王菊华：《中国造纸原料纤维特性及显微图谱》，北京：中国轻工业出版社，1999年，第266页。

② 李诺，李志健：《4种书画用纸的纤维分析》，《纸和造纸》，2013年第32期，第49-51页。

③ 李晓岑，郭金龙，王博：《新疆民丰东汉墓出土古纸研究》，《文物》，2014年第7期，第94-96页。

④ 谭静，卢郁静，顾培玲等：《原料及制作工艺对富阳竹纸性能的影响》，《林业工程学报》，2020年第5期，第103-108页。

⑤ 宋晖：《现代显微技术在纸质文物鉴定与修复中应用》，《文物保护与考古科学》，2015年第27期，第52-57页。

分辨率低、深度穿透能力弱、对样品要求较高、三维信息获取难等缺点，因此，也局限了其应用范围。

（二）电子显微镜

常见的电子显微镜主要包括扫描电子显微镜（SEM）和透射电子显微镜（TEM）两种。扫描电子显微镜（SEM）是利用聚焦的高能电子束扫描样品，激发出样品表面的物理信号，然后将接收到的信息转化成图像，以实现对样品表面的分析[①]。扫描电镜的优点是对样品无破坏性，检验面积大，可分析纸质类文物的表面形态、成分及主要化学元素等信息。韩国学者 Yum[②] 利用偏光显微镜和扫描电镜对韩国古纸进行分析研究，以确定韩国传统造纸技术所使用的工艺及原料，收到了较好的成效。

透射电子显微镜（TEM）是一种以电子束为光源，将穿过样品的电子经电磁透镜聚焦成像的电子光学仪器。在文物保护中，主要是根据被测样品的电子衍射图来分析鉴定样品。Haswell[③] 利用透射电子显微镜对梵高画的微观结构特别是对材料中硫酸钡的形态和组分进行定量分析。张蕊[④] 利用透射电子显微镜对氧化锌纳米颗粒添加剂对古书画中霉菌生长的抑制作用进行分析，结果表明：ZnO 纳米颗粒抑菌剂可以抑制纸质类文物中浆糊的酸化，并且对纸张和浆糊颜色变化无影响，是一种有效且安全的纸质文物抑菌剂。

---

① 陈世朴，王永瑞：《金属电子显微分析》，北京：机械工业出版社，1982年，第156-166页。

② Yum H . Traditional Korean papermaking : history，techniques and materials[J]. Northumbria University，2008 .

③ Haswell R，Zeile U，Mensch K.An examination of Van Gogh's painting grounds using analytical electron microscopy-sem/fib/tem/edx[M].Springer Berlin Heidelberg，2008，819-820.

④ 张蕊：《纸质文物用纳米抑菌剂研究》，《中国国家博物馆馆刊》，2014年第3期，第145-152页。

（三）原子力显微镜（AFM）

原子力显微镜（AFM）又叫扫描力显微镜，是从纳米尺度研究材料表面特性的分析技术，与光学显微镜和电子显微镜的主要区别和优势在于不使用透镜和光束照射，并且无须对样品进行染色。在造纸行业中主要用于分析造纸纤维的表面形貌和力学特征；在纸质类文物保护方面主要用于油画和造纸纤维老化状态的评估。[①]原子力显微镜对古纸文物进行分析，可以得到纸张表面结构图像及反映纸张粗糙度的形貌图，此外还能够得到纸张样品表面化学组成物质的结构图像。尽管原子力显微镜在表面成像方面有显著的优势，广泛应用于文物保护研究中，但也存在成像范围小、成像速度慢、受探头影响大、对样品要求较高、操作复杂且对操作者的技术要求较高等缺点，使其在应用过程中存在一定的局限性。

（四）X 射线光电子能谱分析（XPS）

X 射线光电子能谱分析（XPS）是一种研究材料表面性质的分析方法，主要用于固体物质的表面分析，是一种高灵敏度的超微量表面分析技术，能够准确测定物质表面的化学组成、所含杂质种类、存在的状态等。[②]在纸质类文物保护中主要用于古字画颜料的变色机制及变色过程的分析研究。Benetti[③]结合二次离子色谱法和 X 射线光电子能谱法对 18 世纪纸张的表面成分进行研究，并确定了古代纸张的制作过程、来源和保存状态。

（五）光谱成像技术

光谱成像技术是一种利用多个光谱通道进行图像采集、显示、分析处理的方法。这一技术对分析鉴定古书画中的隐藏信息，如涂改与修复的

---

① 陈红，吴智慧，费本华：《利用原子力显微镜表征竹纤维细胞壁横截面结构》，《南京林业大学学报（自然科学版）》，2016年第2期，第139-143页。

② 阎春生，黄晨，韩松涛等：《古代纸质文物科学检测技术综述》，《中国光学》，2020年第5期，第936-964页。

③ Benetti F，Marchettini N，Atrei A.ToF-SIMS and XPS study of ancient papers[J]. Applied Surface Science，2011，257（6）：2142-2147.

痕迹、隐藏的文字图案，甚至无法辨认的信息等起到积极作用。史宁昌等[①]详细介绍了高光谱成像技术在故宫博物院馆藏书画文物中的应用。研究表明，通过光谱成像技术获取文物的相关数据，可以增强文字信息的辨别力、提取文物中的隐藏信息，如底稿线和书画颜料成分；高光谱成像技术不仅可以增强印章所呈现的文字信息，还能发现书画作品中的涂改信息，此外通过高光谱成像技术还能有效识别书画文物所使用的矿物颜料，并对其进行详细的分类。

二、纸质文物材料成分分析技术

对纸质文物材料成分的分析主要包括对墨迹、油画颜料和印泥等化学组成的分析测定，以及对其中所含元素种类和含量进行定性和定量分析。通过对其成分的分析测定，我们可以了解文物损坏的原因，探究文物真假，鉴定文物的年代。

（一）红外光谱法

红外吸收光谱法是定性鉴定化合物和测定分子结构最有用的方法之一，广泛应用于有机化合物的鉴定。[②]红外光谱法主要用于纸张原料分析和纸张老化分析及纸质成分的鉴定。那娜等[③]利用傅里叶变换红外光谱和X射线衍射技术，研究了宣纸、中国书法、传统中国画的颜料及印章的化学特性，结果表明，红外光谱可以很好地鉴别出颜料和墨水中的主要成分，并能很好地区分宣纸的年代，这为判断纸张年代奠定了基础。

① 史宁昌，李广华，雷勇等：《高光谱成像技术在故宫书画文物保护中的应用》，《文物保护与考古科学》，2017年第3期，第23-29页。

② 陈彪，李金海，张美丽：《红外光谱法在纸张分析中的应用》，《光谱实验室》，2012年第2期，第825-827页。

③ NA N，OUYANG Q M，Ma H，et al.Non-destructive and in situ identification of rice paper，seals and pigments by FT-IR and XRD spectroscopy，Talanta，2004，64（4），1000-1008.

那娜等[1]利用傅里叶变换红外和近红外傅里叶变换拉曼光谱法对真伪字画的印章、纸张的拉曼和红外光谱图进行比较，鉴别字画真假。Calvini[2]利用红外光谱对日本古纸和现代纸研究，通过对红外光谱图峰值的处理分析了不同年代纸张半纤维素、填料和木质素等成分的分布规律。

（二）拉曼光谱法

拉曼光谱是1928年由印度物理学家拉曼发现的，并在1960年快速发展起来。在有机物的鉴定方面得到广泛的应用，具有测量简便快速、能够实现无损和微区分析等特点，成为文物物质结构研究的常用手段。[3]在考古及文物保护中的应用主要有无机物类的颜料、古玻璃、陶瓷、玉器，以及有机物类的漆器、染料、纸等的分析。何秋菊等[4]利用漫反射光谱及显微激光拉曼光谱等分析技术，对一张道教人物画像的颜料进行原位无损鉴别。分析结果显示：该画像所使用的颜料成分主要为朱砂、巴黎绿、群青、雌黄、碳黑和铅白等物质。Castro[5]采用拉曼光谱、核磁共振扫描技术和X射线荧光光谱技术分析了一幅17世纪的地图，发现地图纸张的填料主要为石膏（$CaSO_4 \cdot 2H_2O$）。这些研究结果充分表明了拉曼光谱法在有机物鉴定方面的显著成效。

---

① 那娜，欧阳启名，乔玉青等：《傅里叶变换红外光谱和近红外傅里叶变换拉曼光谱法无损鉴定中国字画》，《光谱学与光谱分析》2004年第11期，第1327-1330页。

② Calvini P，Gorassini A，Chiggiato R．Fourier transform infrared analysis of some Japanese papers[J]Restaurator，2006，27：81-89。

③ 张亚旭，王丽琴，何秋菊：《拉曼光谱技术在文物有机物鉴定中的应用》，《光散射学报》2017年第1期，第8-15页。

④ 何秋菊，李涛，施继龙等：《道教人物画像颜料的原位无损分析》，《文物保护与考古科学》2010年第3期，第61-68页。

⑤ Castro K，Pessanha S，Proietti N，et al.Noninvasive and nondestructive NMR，Raman and XRF analysis of a Blaeu coloured map from the seventeenth century[J]. Analytical & Bioanalytical Chemistry，2008，391（1）：433-441.

（三）紫外－可见吸收光谱

紫外吸收光谱和可见吸收光谱都属于分子光谱，都是由分子中电子能级、振动和转动能级的变化而产生的。通过物质中的分子或离子吸收紫外光和可见光产生的吸收光谱，可以分析物质的组成、含量和结构，并对其进行分析推断，是一种比较常用的分析方法。其特点是操作简单、对分析物质的纯度要求较高，在纸质类文物保护研究中主要用于木素和糖类的定性与定量分析，也可用于纸浆、纸和纸板中金属离子（铜、铁、锰等）含量的测定，以及废液中 AQ、挥发酚、COD 等的测定。[①] 武敬青等 [②] 利用漫反射紫外可见光谱技术对书画中常用的几种颜料进行观察分析，结果表明紫外可见漫反射技术可以观察到紫外可见光对书画颜料的褪色及变化的影响，说明该技术在研究文物颜料褪色及其稳定性方面有着广阔的应用前景。

（四）X 射线荧光光谱法（XRF）

X 射线荧光光谱法（XRF）是文物材料成分分析中比较常用的一种手段，可以对多种文物进行分析测定，主要偏重于文物的元素分析，并且对样品不造成破坏，在纸质文物的保护中主要用于探究油画中各种颜料的主要化学元素。王斌等 [③] 利用 XRF 对一张清代外销的油画从结构、表面污渍及棕色斑点进行分析，结果表明棕色斑点的主要成分为铁锈，从而提出合理的保护修复方案。廉哲等 [④] 从纸张、书写、印刷墨迹、纸币、纸

---

① 罗雁冰：《中国古代手工纸与现代科学》，北京：科学出版社，2020年6月。

② 武敬青，罗曦芸，耿金培等：《紫外可见光谱结合主成分分析对文物颜料光致变色的评价研究》，《计算机与应用化学》，2012年第2期，第211-214页。

③ 王斌，余辉：《油画保护性修复与清代马口铁底板的“美国货船油画”清洗修复研究》，《文物保护与考古科学》，2014年第1期，第99-109页。

④ 廉哲，梁鲁宁，光晓俐等：《X射线荧光光谱在文件/纸质文物检验中的应用研究进展》，《刑事技术》，2022年第2期，第185-190页。

质文物检验等方面综述 XRF 在文件检验中的应用。郭洪玲等①利用 X 射线荧光对打印纸的微量元素进行半定量分析，结合 X 衍射对填料的分析，进而对打印纸进行了准确的分类。Andrea②将 XRF 与 FTIR 结合，对 1983 年意大利里雅斯特地籍系统档案进行了分析研究，结果表明有色墨水的存在对纸质档案的保存具有一定保护作用。Pereira③使用手持 X 射线荧光光谱仪对一幅疑似伪造油画的多部位墨迹进行了分析，结果显示画布上有擦除的痕迹及签名擦除的痕迹，进而做出了准确的鉴定。

（五）扫描电镜 - 能谱分析（SEM-EDS）

EDS 作为常用的扫描电镜附件，在各种材料的分析中起着不可或缺的作用。扫描电子显微镜和 X- 射线能量色谱仪相结合，可以做到观察微观形貌的同时进行物质微区成分分析。郭金龙等④从新疆博物馆 2009 年征集的 111 件纸质文物中选取具有典型病害的五件文书，利用 SEM-EDS 等设备进行了分析检测，以研究其病害现状，并据此制定保护修复方案及预防性防护措施，以期有效保护这批珍贵的纸质文献。常晓丽等⑤利用扫描电子显微镜能谱仪等设备，对我国甘肃省泾川县博物馆馆藏清代草帖行书、清代工笔人物故事纸质屏风的纸张原料和制作工艺进行了分析，结果表明，清代草帖行书在原料沤煮时使用了 $CaCO_3$，涂布处理使用的矿

---

① 郭洪玲，权养科：《X射线荧光光谱法检验打印纸张的结果分析》，《刑事技术》，2008年第5期，第6-9页。

② Andrea，Gorassini，Gianpiero，et al. ATR-FTIR characterization of old pressure sensitive adhesive tapes in historic papers[J]. Journal of Cultural Heritage，2016，21：775-785.

③ Pereira M O，Felix V，Oliveira A L，et al.Investigating counterfeiting of an artwork by XRF，SEM-EDS，FTIR and synchrotron radiation induced MA-XRF at LNLS-BRAZIL[J].Spectrochimica Acta Part A：Molecular and Biomolecular Spectroscopy，2020，246：118925-118925.

④ 郭金龙，孙延忠，杨淼等：《新疆博物馆新获纸质文书结构与成分的分析研究》，《文物保护与考古科学》，2012年第3期，第41-46页。

⑤ 常晓丽，龚钰轩，李国长等：《博物馆馆藏屏风纸张的制作工艺及特征分析》，《中国造纸》，2018年第10期，第27-32页。

物是高岭土（$Al_2O_3 \cdot 2SiO_2 \cdot 2H_2O$）；浆料中加填了高岭土、原料沤煮处理时使用了 K_2CO_3，涂布所用的矿物为 $CaCO_3$、滑石粉［$H_2Mg_3(SiO_3)_4$］。结合其他分析检测结果，明确了两件屏风的纸张原料及制作工艺。此项研究不仅对清代纸质屏风纸张的特征探究具有参考价值，而且为文物本身修复用纸的选择等提供了可靠资料。

（六）色谱－质谱联用技术

GC-MS 检测技术主要用于分析分子量不太大、能够气化的物质，适用于一些复杂有机化合物的分析检测，在纸质文物保护方面的应用主要体现在对古代书画墨迹、印章成分及纸质文物释放有害气体成分等的分析。周婷等[①]利用 GC-MS 联用技术对延安革命纪念馆馆藏的 20 世纪三四十年代纸质文献释放的气体进行分析检测。结果表明，纸质文献释放的气体中含有乙酸，并推测乙酸来自于长久保存的纸质文献中纤维素的降解，并以此提出采用能够有效吸附纸质文献释放气体的特藏装具以延长纸质文献保存寿命。Gambaro[②]利用 Py-GC/MS（裂解—气相色谱/质谱联用仪）等技术对保存在威尼斯潟湖档案馆里的纸质档案进行研究，结果表明，从 19 世纪中期开始就逐渐使用碎木屑作为纸张的原材料，并逐渐使用松香作为黏结材料。袁友方等[③]利用 GC-MS 检测技术对不同印泥的生产工艺加以区分。这对后续书画真伪的鉴定、书画作品的考证及研究提供了有力的证据。

① 周婷，李玉虎，贾智慧等：《馆藏纸质文献释放气体的分析》，《陕西师范大学学报（自然科学版）》，2016年第2期，第60-65页。

② Gambaro A，Ganzerla R，Fantin M. Study of 19th century inks from archives in the Palazzo Ducale（Venice，Italy）using various analytical techniques[J]. Microchemical Journal，2009，91（2）：202-208.

③ 袁友方，吴海，朱旭峰等：《多技术联用检验书画印泥》，《云南警官学院学报》，2017年第6期，第111-115页。

三、纸质文物内部结构分析技术

（一）X 射线照相技术

X 射线照相技术是利用 X 射线在胶片上的成像原理来展示文物微观结构的技术。作为一种无损分析手段，主要用于分析文物的制作工艺、内部缺陷，还可用于提取文物表面的铭文、纹饰、文物内部信息及病害情况等，通过X射线照相技术分析研究还可以反映出文物修复前后的情况。该技术具有影像透视清楚、照片可永久保留的特点。[①]X 射线照相技术除了用于纸质文物如绘画、邮票等的真伪鉴别，还可用于青铜器、陶瓷器等样品的分析检测。油画是最早使用 X 射线成像研究的文物之一。在油画保存状况研究中，X 射线成像主要可以用来判断画框、画布的保存状况，以及油画底子是否皲裂等。[②]

（二）X 射线衍射光谱（XRD）

X 射线衍射光谱分析法（XRD），是根据结晶性物质形成的 X 射线衍射花样，对物质内部原子在空间分布的情况进行研究的方法。X 射线衍射分析是材料结构分析的主要方法，在文物考古及文物保护方面有广泛应用，常用来对书画、壁画、油画、彩绘等进行颜料成分分析。古代绘画使用的大部分颜料的主要成分为天然矿物质，利用 X 射线衍射分析技术可以准确鉴别这些颜料中的主要物质组成，为绘画艺术品的保护提供直接的依据。龚德才等[③]便是利用 X 射线衍射光谱分析出甘肃敦煌悬泉置古纸填料的主要成分。

---

① 丁忠明，吴来明，孔凡公：《文物保护科技研究中的X射线照相技术》，《文物保护与考古科学》，2006年第1期，第38-46页。

② 胡东波：《文物的X射线成像》，北京：科学出版社，2012年，第5页。

③ 龚德才，杨海艳，李晓岑：《甘肃敦煌悬泉置纸制作工艺及填料成分研究》，《文物》，2014年第9期，第85-90页。

（三）核磁共振

纸张作为纸质类文物的主要载体，其内部组成结构、纸张的透水性等对评价文物的保存状态、制定合适的保护修复方案，以及后期判断保护处理的效果和耐久性都极其重要。核磁共振技术可以分析出纸质文物中木质素和碳水化合物结构，由此可以准确测定出木质素中官能团的含量。[①]Casieri[②]利用便携式核磁共振光谱对一张17世纪的手稿进行健康状态评估，通过对纸张降解程度和含铁墨水对纸张的影响情况的分析，表明核磁共振光谱分析技术能够用于纸张健康状态的评估方面。

（四）差示扫描量热仪（DSC）

纸张的孔隙结构是纸张结构性能的重要方面，它赋予纸张一些特殊性能，例如透气性、过滤性、吸收性、松厚等，使其在不同的领域具有不同的应用，也显著影响了纸张的脆性、耐折性和伸缩性等[③]。通过对纸张孔隙结构的分析，可以判断纸张的老化程度。差示扫描量热仪是高分子薄膜材料及纸浆孔隙研究中较为常用的分析设备，与其他孔隙分析方法相比，其最大优点在于所需样品量较少，适合文物等微量材料的分析。廖瑞金等[④]利用TGA及DSC研究了变压器油浸纸的老化，提出可利用DSC中绝缘纸的热焓值作为判断纸张老化程度的参考。

文物承载着特定历史时期的丰富信息，能够直观反映当时社会的历史面貌。种类繁多的纸质文物是记载历史上文化、生产、生活等方面情况

---

① 付时雨，詹怀宇，余惠生：《（31）P-核磁共振光谱在木素结构分析中的应用》，《中国造纸学报》1999年第1期，第123-127页。

② Casieri C，Bubici S，Viola I，et al.A low-resolution non-invasive NMR characterization of ancient paper[J].Solid State Nucl Magn Reson，2004，26（2）：65-73.

③ 吕晓慧，阳路，刘文波：《纸张的孔隙及其结构性能》，《中国造纸》，2016年第3期，第64-70页；姚志明：《纸张表面孔隙分析方法的建立及应用》，华南理工大学。

④ 廖瑞金，巩晶，桑福敏等：《利用TGA及DSC研究变压器油浸绝缘纸的老化》，《高电压技术》，2010年第3期，第572-577页。

的宝贵文化遗产，是研究人类社会和历史进步的重要文字资料。只有经过系统、全面的分析研究，才能对纸质文物有足够的了解，挖掘出其中所蕴含的价值和信息。随着科学技术的不断进步，越来越多的现代分析检测技术应用于纸质文物的表面微观成分分析，纸质文物本体结构分析、修复保护效果分析，以获得纸质文物的组成成分、制作工艺、年代等信息，为研究和评估纸质文物的保护提供科学依据。目前对于纸质文物的检测技术还不够完善，不同的检测分析方法虽然有一定的优势，但也存在着一定的局限性。因此在纸质文物实际的检测中，多种分析方法的结合有助于为纸质文物提供更加全面准确的信息。相信随着现代科学技术的不断发展，纸质文物的保护研究将会获得更大的进步。

第四章 帛书

第一节　文献记载中的帛书

在纸张作为书写载体之前，除了金石、竹木简牍，丝帛也是书写载体之一。中国古代写在绢帛上的文书被称为帛书，又名缣书、素书。据《说文解字》载："帛，缯也。从巾，白声。"[①] 许慎认为帛字为形声字。"巾"字表形，"白"字表声。段玉裁注："缯帛也。《聘礼》《大宗伯》注皆云：'帛，今之璧色缯也。'"[②] 璧色缯指白色丝绸。从出土考古实物上来看，帛书并非都写在白色丝绸上，确切说，写在丝绸上的文书都被称为帛书，帛书一词强调的是文字的书写载体。

一、书于丝帛

在甲骨文中，就出现有"帛"字，字形为"[甲骨文字形]""[甲骨文字形]"[③]，从白，从巾。因其材质珍贵，早期主要是用于贵族的衣装。《论语·阳货》："子曰：'礼云礼云，玉帛云乎哉？'"《仪礼·士昏礼》又载："皮帛必可制。"郑玄注："皮帛，俪皮、束帛也。"《左传·闵公二年》："卫文公大布之衣，大帛之冠。"《汉书·朱建传》："臣衣帛，衣帛见；臣衣褐，衣褐见，不敢易衣。""衣帛"与"衣褐"的区别体现了当时不同阶层着装材质上的差异，同时也是丝织品昂贵的反映。

在传世文献记载中，帛也被记录为书写载体。子墨子谓鲁阳文君曰："攻其邻国，杀其民人，取其牛马、粟米、货财，则书之于竹帛，镂之于金石，以为铭于钟鼎，传遗后世子孙曰：'莫若我多。'今贱人也，

① [汉]许慎：《说文解字》，北京：中华书局，2013年，第157页。

② [汉]许慎著，[清]段玉裁注：《说文解字注》，上海：上海古籍出版社，1988年，第363页。

③ 字形参见徐中舒主编《甲骨文字典》，成都：四川辞书出版社，2014年，第868页。

亦攻其邻家，杀其人民，取其狗豕食粮衣裘，亦书之竹帛，以为铭于席豆，以遗后世子孙曰：‘莫若我多。’其可乎？”从文献记载来看，至少在战国时期就已经出现了帛书。帛书、金石、竹木简牍在当时是并存的书写载体。

二、帛鱼之书

帛书还有一些典故。《史记·陈涉世家》：“乃丹书帛曰‘陈胜王’，置人所罾鱼腹中。”这便是“鱼帛狐篝”一词的由来。汉乐府《饮马长城窟行》之一：“客从远方来，遗我双鲤鱼。呼儿烹鲤鱼，中有尺素书。”诗中的“双鲤鱼”是刻成鱼形的信函，“烹鲤鱼”是指打开装有帛书的信函，古人这样表述是刻意使语言更加生动。诗中亦是将帛书放置于鱼形信函中，与“鱼帛”传信的形式极其相似。

第二节　楚地帛书

一、长沙子弹库楚墓帛书

楚帛书通常也称为楚缯书、楚绢书。已出土帛书实物以长沙子弹库楚墓中的最早，是春秋战国时代的帛书。全篇有900多字，内容丰富，体现了当时的文化思想，对战国楚文字研究具有极其重要的价值。楚帛书1942年被盗出，今存美国大都会博物馆。帛书的尺寸说法甚多，最初是蔡季襄提供的尺寸，长15寸（合37.5厘米），宽18寸（合45厘米）。之后，李学勤、郭沫若、周世荣等学者发表尺寸又有不同。蔡季襄1944年首次刊行帛书的摹本，后有蒋玄怡、饶宗颐等发表多种摹本。澳人巴纳德的《楚帛书研究》所发表的照片、摹本较为完整，并且有放大的原件照片。

帛书上的楚国文字内容奇诡难懂，并附有神怪图形，图像为彩绘，帛书四周有12个神的图像，每个图像周围有题记神名，在帛书四角有植物枝叶图像，一般认为是战国时期数术性质的佚书，与古代流行的历忌之书有关。《长沙子弹库战国楚帛书研究》一书中，李零对帛书的研究概况、内容进行了整理研究，并对帛书上的楚文字做了考释。

二、长沙马王堆汉帛书

马王堆帛书1973年12月出土于湖南长沙马王堆3号汉墓，帛书共12万余字，大都用墨抄写在生丝织成的黄褐色细绢上，折叠后放置于一涂漆木匣中。

帛书绢幅分整幅和半幅两种，整幅的幅宽约48厘米，半幅的幅宽大约24厘米。帛书出土时，由于受到棺液的长期浸泡，帛书的质地脆弱，整幅的帛书都断裂成了一块块高约24厘米，宽约10厘米的长方形帛片，半幅的则因用木片裹卷而裂成了一条条不规范的帛片。

帛书有的用墨或朱砂先在帛上钩出了便于书写的直行栏格，即后世所说的“乌丝栏”和“朱丝栏”。整幅的每行书写 70 ~ 80 字，半幅的则每行 20 ~ 40 字；篇章之间多用墨钉或朱点作为区别的标志；篇名一般在全篇的末尾一两个字的空隙后标出，并多记明篇章字数。帛书的抄写年代大致在秦始皇统一六国（前 221 年左右）至汉文帝十二年（前 168 年）之间。现藏湖南省博物馆。

第三节　西北地区出土帛书

一、马圈湾汉帛书

马圈湾帛书，1979 年出土于敦煌马圈湾汉代烽燧遗址。帛书为匹帛的首端，呈长条形，长 43.9 厘米，宽 1.8 厘米。帛书左侧为毛边，是绢帛织成下机时裁割而成；右侧边缘较齐整，为裁制衣服时留下的剪边；上端作半弧形，边缘平齐，为剪口；下端平直，为原帛边。帛书上端往下至 27 厘米处，呈麦秆色，为整匹绢帛染色时有意留下，以作录文之用的空白部分。其上端因被剪去，形制不明。下端有染色时缝合的痕迹，染色后拆开，故留有明显的褶皱和不规则色块。空白部分的两侧和下端，染为红色。帛书为染色后所写，书于空白部分的中间偏右部位。

帛书释文为：

尹逢深，中殺左长传一，帛一匹，四百卅乙五株币。十月丁酉，亭长延寿，都吏稚，釳。

这件帛书书写内容为研究汉代市贸制度、绢帛价格和边塞的绢帛来源等问题，提供了重要的实物资料。现藏甘肃简牍博物馆。

图 4-1
马圈湾帛书

二、居延汉帛书

1930年，由瑞典考古学家和中国学者组成的西北科学考察团在汉代居延地区即今甘肃金塔和内蒙古额济纳旗地区进行考古发掘，共获汉简10200多枚。这批文物中，有2件为汉代帛书，帛书仅存部分，文字记载内容残缺。

（一）居延汉帛书之一

帛书残缺多处，今存字两行。

图 4-2
居延汉帛书之一

帛书释文为：

□□字伏地多问甚劳家事欲数□□□□

前闻恐为奸□□伤□□□□□"

根据残存文字内容，推测此简帛书极有可能为一封书信。

（二）居延汉帛书之二

帛书残片，仅存11个字。

帛书释文为：

南阳郡戍卒

皁布禅衣一领

图 4-3
居延汉帛书之二

此件帛书残存的文字、格式，与当时的戍卒名籍以及衣物出入簿籍的记录形式相似，可能是记录当时戍卒领用衣物的簿籍。

三、悬泉汉帛书

（一）元致子方书

元致子方书，1990 年出土于敦煌汉代悬泉置遗址。出土时折成十六折，受潮后墨迹浸洇，正体字下可看出浸染的反体字影。长 23.2 厘米，宽 10.8 厘米。黄色绢帛，墨书隶体，共 322 字。抬头一行 6 字，落款一行 18 字；正文八行，每行 29 至 43 字不等。

图 4-4　元致子方书

帛书释文为：

元伏地再拜请：

子方足下，善毋恙！苦道子方发，元失候不侍驾，有死罪。丈人、家室、儿子毋恙，元伏地愿子方毋忧。丈人、家室元不敢忽骄，知事在库，元谨奉教。暑时元伏地愿子方适衣、幸酒食、察事，甚！谨道：会元当从屯敦煌，乏沓，子方所知也。元不自外，愿子方幸为元买沓一两，绢韦，长尺二寸；笔五枚，善者，元幸甚。钱请以便属舍，不敢负。愿子方幸意，沓欲得其厚、可以步行者。子方知元数烦扰，难为沓。幸甚幸甚！所因子方进记差次孺者，愿子方发过次孺舍，求报。次孺不在，见次孺夫人容君求报，幸甚，伏地再拜子方足下！·所幸为买沓者，愿以属先来吏，使得及事，幸甚。元伏地再拜再拜！·吕子都愿刻印，不敢报，不知元不肖，使元请子方，愿子方幸为刻御史七分印一，龟上，印曰：吕安之印。唯子方留意，得以子方成事，不敢复属它人。·郭营尉所寄钱二百买鞭者，愿得其善鸣者，愿留意。

自书：所愿以市事，幸留意留意毋忽，异于它人。

元致子方书是两汉地下出土文物中保存最完整、字数最多的私人书信。现藏甘肃简牍博物馆。

（二）建致中公夫人书

建致中公夫人书，1990年出土于敦煌悬泉置遗址。时代为西汉末至东汉初。帛书长19厘米，宽4.8厘米。

帛书释文为：

建伏地请中公、夫人足下，劳苦临事善毋恙。建不肖奴□赖中公恩泽，幸得待罪侍御史。顷阙希闻中公□忽也。数属中公及子惠于敦煌□□何君，不敢忽忽。敦煌卒史奉太守书赐建，建问卒史，言中公顷。中公幸益长矣，子孙未有善，岁赐钱，率夫人日夜有以称太守功名行者，何患不得便哉！

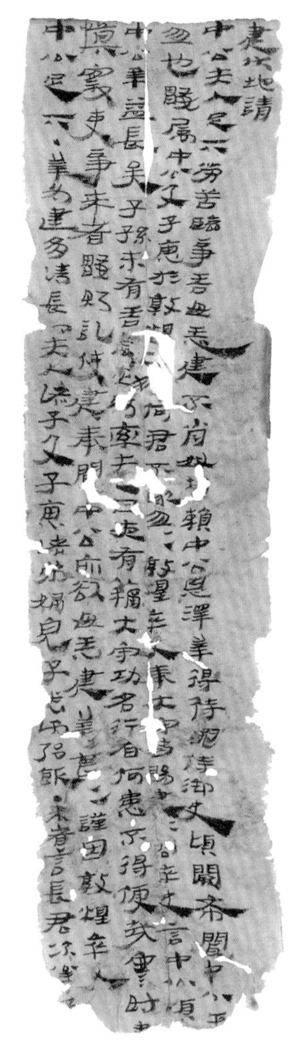

图 4-5　建致中公夫人书

寒时□，慎察吏事，来者数赐记，使建奉闻中公所欲毋恙，建幸甚幸甚。谨因敦煌卒史中公足下。·幸为建多请长卿、夫人、诸子及子惠诸弟妇、儿子□谢，强饭。·来者言长君、次公□□。

此件帛书为隶书书写，其内容是建写给中公夫人的私人书信。现藏甘肃简牍博物馆。

（三）万致子恩书

万致子恩书，1990年出土于敦煌悬泉置遗址。时代为西汉末至东汉初。帛书长 13.2 厘米，宽 5.5 厘米。

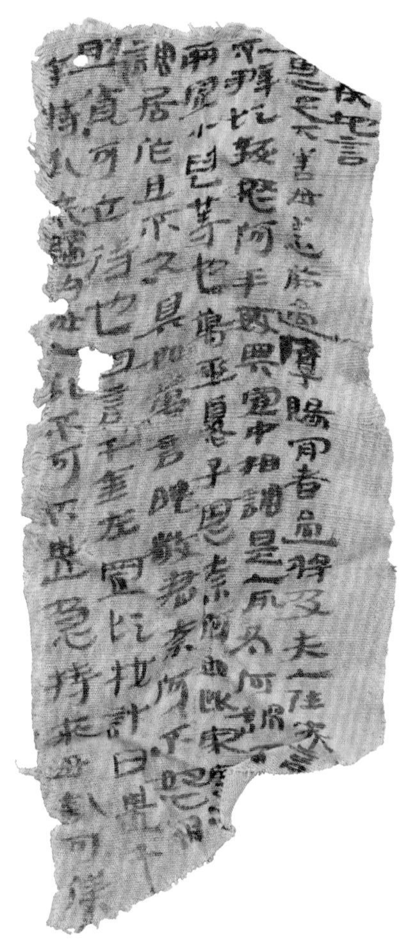

图 4-6　万致子恩书

帛书释文为：

万伏地言

子恩足下善毋恙前过厚赐间者过将及夫人往来言

不辨顷致怒何平数与置中相调是人所为何谓不如

两置小儿等也万亟忧子恩奈何如此家室不（帛书）

调居作且不久具如万言晓敬君奈何不怒相

助贫可立待也因言千金在置愿校计曰遣千

金持钱来归内毋入钱不可不遣急持来毋钱可仆

（正面）

不可忽＝置舍所圣人＝不可已强饭自＝爱＝幸

甚万幸＝甚＝谨因赵伟君奉书再拜

白·知君谢子恩敬君强饭自＝爱＝

知君病偷矣

（背面）

此件帛书两面均用隶书书写，内容为万写给子恩的私人书信。现藏甘肃简牍博物馆。

第五章 书写工具

第一节 笔

距今约5500年前，苏美尔人用削成三角形的尖头芦苇秆、骨棒、木棒当笔，在潮湿的黏土制作的泥板上写字，字形自然形成楔形，这种文字被称为楔形文字，或丁头文字。距今约5000年，古埃及人用芦管削尖当作笔，长度约20厘米，用植物的浆液制成墨水，蘸墨在纸莎草上进行书写。这些书写工具可以称作“笔”，但和我国古代出现的毛笔还是有差异的。从目前的考古成果来看，毛笔以竹为笔杆，以动物毛为蘸取墨汁的笔头。

我国很早就出现使用颜料在陶器上进行描绘的图形。从大量出土的彩陶来看，大部分的绘画图案应是先民用手直接蘸取颜料进行绘制，或者直接用口喷绘。但是其中有一部分明显是用兽毛或者细丝线之类的纤维蘸取颜料进行绘画的。虽然先民描绘所使用的工具不可知，但从绘画效果上看，应是用类似毛笔或者细纤维类的工具来进行创作的。甲骨文中有“聿”字，其字形是以手握笔之形，笔形下部的分叉像是在笔杆上束缚丝毛类的形状。《尚书·周书·多士》中记载“惟殷先人，有册有典”，按此记载，在殷商时期就出现了竹木简牍。在竹木简牍上记录文字，使用毛笔墨汁省时省力，且书写文字又清晰可见，是最为合适的。以此来进行推断，可将毛笔使用的时代再向上追溯，甚至可以推溯到殷商时期。

毛笔是最重要的书写工具之一。我国最早的成系统的文字是甲骨文，是使用利器刻画在龟甲、牛羊肩胛骨上的文字。春秋战国时期的金文有刻画文字，也有铸造文字。1965—1966年山西侯马市晋国遗址出土的侯马盟书，是考古发掘的最早使用毛笔书写的文字。侯马盟书是用毛笔将盟辞书写在玉石片上，文字多以朱笔书写，少量为墨笔。其记载的内容为主盟人誓辞、宗盟、委质、纳室和诅咒五大类。其时代为春秋晚期至战国早期。

许慎《说文解字》记载“笔，从聿，从竹”[①]，又载“聿，所以书也”[②]，段玉裁进一步解释为：“以，用也。聿者，所用书之物也。”[③]“聿”是会意字，是以手持笔之形。从字形来看，当时的笔已具备笔杆和下部蘸取墨汁用以书写的毫毛之类的形态。

关于毛笔的制作工艺，《齐民要术》中引用了韦诞的《笔墨方》中制作毛笔的方法：“韦仲将《笔方》曰：先次以铁梳兔毫及羊青毛，去其秽毛；盖使不髯茹。”“讫，各别之，皆用梳掌痛拍整齐，毫锋端本，各作扁，极令均、调、平、好用。”“衣，羊青毛；缩羊青毛去兔毫头下二分许，然后合扁，卷令极圆。讫，痛颉之。以所整羊毛中，或用衣中心。名曰‘笔柱’，或曰‘墨池’‘承墨’。复用毫青，衣羊青毛外，如作柱法，使中心齐。亦使平均。”“痛颉，内管中。宁随毛长者使深，宁小不大，笔之大要也。”这些内容记载了毛笔的制作流程和部分工艺细节，包括动物毛的选择、制作工具、手法、程度等。韦诞是三国时期魏人，在时代上承东西两汉，因此其所记录毛笔制作工艺上承汉代工艺，故《笔墨方》在研究汉代毛笔方面也极具参考价值。

一、战国毛笔

关于毛笔的出现时期，有秦朝大将军蒙恬造笔之说。晋崔豹《古今注》中提到：“自蒙恬始造，即秦笔耳。以枯木为管，鹿毛为柱，羊毛为被。所谓苍毫，非兔毫竹管也。”在这段描述中，蒙恬使用具有西北地区特色的原材料发明了毛笔，因此被认为是毛笔的创造者。但是，从出土实物来看，早在战国时期，就已经出现了制作工艺比较成熟的毛笔。蒙恬在毛笔的发展史上，只能被称作毛笔的改良者。

① [汉]许慎：《说文解字》，北京：中华书局，2013年，第60页。

② [汉]许慎：《说文解字》，北京：中华书局，2013年，第59页。

③ [清]段玉裁：《说文解字注》，上海：上海古籍出版社，1988年，第117页。

（一）长沙左家公战国楚毛笔

1954 年，在湖南长沙左家公山战国楚墓出土了一支毛笔。毛笔杆长 18.5 厘米，笔杆直径 0.4 厘米，锋毫长 2.5 厘米，全长 21 厘米。经鉴定，笔毛是用上好的兔箭毛制作而成。“头部剖为数方，笔头即插入其中。笔头即兔箭（兔背上的毛）做成，插入笔杆顶部之内，外缠以细线……笔杆极细，毛精，锋长，似今描花用的毛笔。”[①] 发掘时，毛笔装在竹管内，竹管应是当时使用的笔管。根据考古报告，此墓葬的时间为战国晚期。

（二）信阳长台关战国楚毛笔

1957 年，河南信阳长台关战国楚墓出土了一支毛笔。毛笔笔杆为竹质，长 23.4 厘米，笔杆直径 0.9 厘米，笔锋长 2.5 厘米，笔毫捆扎在笔杆上。墓葬还出土了 100 余枚竹简，竹简上的文字应是使用这种毛笔进行书写的。此墓葬的时间应为战国中期。

（三）云梦睡虎地秦毛笔

1975 年，湖北云梦睡虎地秦墓出土三支毛笔。毛笔“笔杆为竹质，上端削尖，下端较粗，镂空成毛腔。例如 60 号，笔杆长 18.2 厘米，直径 0.4 厘米。毛腔里的毛长约 2.5 厘米。出土时笔杆插入笔套里，笔套为细竹管制成，中间的两侧镂空，便于取笔；笔套一端为竹节，另一端已打通，长 27 厘米，直径 1.5 厘米。又如 71 号的笔套长 22.9 厘米，直径 1.2 厘米，中部两侧镂孔 5 厘米，在镂空的两端各有一骨箍加固”[②]。此墓葬的时间应为战国晚期。

---

① 吴铭生：《长沙战国毛笔出土经过及其相关问题》，《湖南省博物馆馆刊》2013年第10辑，第185-188页。

② 孝感地区亦工亦农文物考古培训班：《湖北云梦睡虎地十一号秦墓发掘简报》，《文物》，1976年第6期，第4页。

（四）包山楚毛笔

20 世纪 80 年代，湖北包山发掘战国、西汉墓葬群。其中战国墓出土了一支毛笔。“置于竹筒内，筒口端有木塞。竹质笔杆细长，末端削尖。笔毫有尖峰，上端用丝线捆扎，插入笔杆下端的空眼内。毫长 3.5、全长 22.3 厘米。”① 此墓葬的时间为战国晚期。

二、出土汉代毛笔

（一）汉代“白马作”毛笔

1972 年在武威市磨嘴子 49 号汉墓出土了一支毛笔，通长 23.5 厘米，笔杆直径 0.6 厘米，锋毫长 1.6 厘米。笔杆竹制，中空，精细匀正。笔杆中下部阴刻篆体“白马作”三字，“白马”应是制作工匠的名字。笔头外覆黄褐色软毛，笔芯及锋用紫黑色硬毛，刚柔并济，富有弹性，适于在简牍上书写。笔杆后端尖头削细，以便于插入发髻。长度约合汉尺一尺，与《论衡》所谓“一尺之笔”相吻合。“白马作”毛笔是汉代毛笔的代表作。现藏甘肃省博物馆。

图 5-1 “白马作”毛笔

（二）敦煌马圈湾汉代毛笔

1979 年出土于敦煌马圈湾汉代烽燧遗址。狼毫笔毛，锋毫虽然残缺，但仍有一定的弹性。实心竹杆，笔杆后端尖头削细。在杆首钻一孔，插入笔毛，以丝线捆扎后，髹褐色漆，杆尾被截平后镶一锥形硬木，再打

---

① 湖北省荆沙铁路考古队包山墓地整理小组：《荆门市包山楚墓发掘简报》，1988年，第9页。

磨光滑。毛笔通长 19.5 厘米，笔杆直径 0.6 厘米，锋毫残长 1.2 厘米。[①] 现藏甘肃简牍博物馆。

图 5-2　敦煌马圈湾汉代毛笔

（三）敦煌悬泉置汉代毛笔

1990—1992 年，在敦煌悬泉置考古发掘中，共出土毛笔 4 支，其中 2 支保存较好，但均属于使用后被弃者。[②]

1990 年出土于敦煌悬泉置遗址。笔杆为竹质，锋毫插入孔中，笔端有捆扎物。杆尾有凸起圆柱形。毛笔通长 23 厘米，笔杆直径 0.5 厘米。现藏甘肃简牍博物馆。

图 5-3　敦煌悬泉置毛笔（90DXT102 ②：04）

1990 年出土于敦煌悬泉置遗址。笔杆为竹质，锋毫插入孔中。杆尾有凸起圆柱形。通长 24.6 厘米，直径 0.7 厘米。现藏甘肃简牍博物馆。

图 5-4　敦煌悬泉置毛笔（90DXT102 ④：2）

---

① 甘肃省文物考古研究所编：《敦煌汉简》（下册），北京：中华书局，1991年6月版，第63页。

② 甘肃省文物考古研究所：《甘肃敦煌汉代悬泉置遗址发掘简报》，《文物》，2000年第5期。

1990 年出土于敦煌悬泉置遗址。笔杆为竹质，锋毫插入孔中。杆尾有凸起圆柱形。通长 23 厘米，笔杆直径 0.8 厘米。现藏甘肃简牍博物馆。

图 5-5　敦煌悬泉置毛笔（90DXT102 ④：1）

1991 年出土于敦煌悬泉置遗址。笔杆为竹质，锋毫插入孔中，笔端有捆扎痕迹。杆尾有凸起圆柱形。毛笔通长 22.5 厘米，笔杆直径 0.5 厘米。现藏甘肃简牍博物馆。

图 5-6　敦煌悬泉置毛笔（91DXF1 ①：5）

三、边塞汉代毛笔的来源

从甘肃简牍博物馆馆藏汉代毛笔来看，毛笔笔杆均为竹杆。笔杆头端不等分劈开，将锋毫插入笔杆内，后用丝线缠绕笔杆头端，起到固定作用。笔杆头粗尾细，且尾部均有凸起的圆柱形。因没有出土实物为证，圆柱上是否有装饰物已不可考证。西北边塞出土简牍等实物以木制为主，极少有竹制器物。从这些边塞出土的毛笔笔杆所使用的材料分析，这些毛笔极有可能是由内地制作。这一点从敦煌悬泉置出土的一封书信也可以得到验证。

图 5-7　悬泉置出土汉代毛笔笔杆尾端细节图

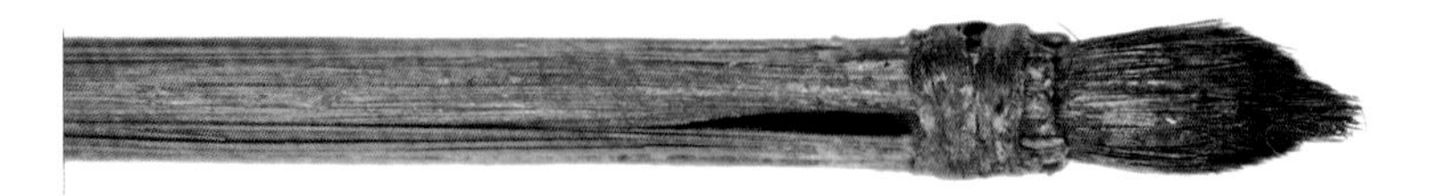

图 5-8　悬泉置出土汉代毛笔锋毫固定细节图

在敦煌悬泉置出土的帛书《元致子方书》中有“笔五枚，善者，元幸甚”，是元托好友子方为自己购买毛笔的记录。元当时戍守敦煌，好友要前往他地，才有了托好友采购的书信记录。也正是这一记录，我们认为在当时元所值守的敦煌边塞是没有毛笔可以购买的。结合甘肃简牍博物馆馆藏汉代毛笔来看，笔形、尺寸大致相同，所使用的制作工艺也相同。而且在西北边塞地区，罕见有竹，这些边塞出土的毛笔应是由专门的官方机构制作，统一售卖。帛书中未记载子方前去采购的具体地点，有可能是前往内地购买，也有可能是前往物资较为丰富的酒泉郡购买。

四、关于簪笔

《史记·滑稽列传》中记载：“西门豹簪笔磬折，向河立待良久。”[①] 簪笔，也就是把笔像发簪一样插在头上。按照文献记载，早在西汉以前，古人就有了簪笔的习惯。从出土的早期毛笔来看，一端较粗，笔尾处较细，与发簪相似。出土的秦汉墨、砚台都相对简陋，突出实用性。早期的毛笔从使用便捷和实用性上来说，做成簪笔更方便随时记录使用，在没有放置毛笔的地方时，也更方便取用和搁置。汉代之后，毛笔从书写工具演变成一种礼仪和身份的象征，逐渐赋予簪笔深层的内涵，并把簪笔制度化和礼仪化。

① [汉]司马迁：《史记》，北京：中华书局，2018年，第3212页。

第二节 砚

一、砚台的起源

许慎《说文解字》记载："砚，石滑也。"[①]段玉裁注："谓石性滑利也。江赋曰：'绿苔鬖髿乎研上'李注：'研与砚同'。按字之本义，谓石滑不涩，今人研磨者曰砚，其引申之义也。"[②]又载："亦谓以石磨物曰研也。"[③]从上文《说文解字》记载来看，"砚"的本义并不是砚台，而是石滑。刘熙认为："砚，研也，研墨使和濡也。"[④]毕沅在补注中提到："今人研为砚，失之。《初学记》引，（研墨）上有'可'字。"[⑤]"砚"与"研"音同，研即以石磨物，砚台最早应该是从研磨器发展演变而来的。因此出现"砚""研"混用同义的现象。

关于"砚台"的记载出现较晚，这与书写工具的发展有密切关系。在正式使用毛笔作为书写工具之前，是不需要普遍使用研磨器来研磨墨丸的。早期的砚台形制比较简单，体积较小，侧重其实用性和便携性。在一定时期内，"研"和"砚"字的语义划分没有很明确，例如《汉书·班超传》中记载："安敢久事笔研间乎？"此处"研"即砚台。

二、汉代砚台

从汉代边塞遗址出土的文物来看，汉代日常使用最常见的石砚是长方形的平板砚和圆面方座砚，砚石大多琢制成方形或圆形。形制简单，

---

① [汉]许慎：《说文解字》，北京：中华书局，2013年，第193页。

② [清]段玉裁：《说文解字注》，上海：上海古籍出版社，1988年，第453页。

③ [清]段玉裁：《说文解字注》，上海：上海古籍出版社，1988年，第452页。

④ [东汉]刘熙撰、[清]毕沅疏证，王先谦补：《释名疏证补》，上海：上海古籍出版社，1984年，第295页。

⑤ [东汉]刘熙撰、[清]毕沅疏证，王先谦补：《释名疏证补》，上海：上海古籍出版社，1984年，第295页。

没有纹饰和雕琢装饰。现以甘肃简牍博物馆所藏文物为例，对汉代砚台做简要介绍。

（一）敦煌马圈湾石砚

石砚，1979年出土于敦煌马圈湾汉代烽燧遗址，圆面，方座。面径3.4厘米，座3.5厘米，砚高1.5厘米。[①]

图5-9　敦煌马圈湾石砚

（二）肩水金关石砚

肩水金关石砚，1973年出土于甘肃金塔县境内汉代肩水金关遗址，圆面，方座。面径3.2厘米，座3.2厘米，砚高1.3厘米。

图5-10　肩水金关石砚（73EJF1：022）

---

① 甘肃省文物考古研究所编：《敦煌汉简》（下册），北京：中华书局，1991年，第63页。

肩水金关石板砚，1973 年出土于甘肃金塔县境内汉代肩水金关遗址，呈长方形。长 12.1 厘米，宽 5.1 厘米，厚 0.4 厘米。

图 5-11　肩水金关石板砚（73EJF1：022）

（三）敦煌悬泉置石砚

1990—1992 年敦煌悬泉置考古发掘出土两块石砚。一件为圆面，方座，底座残损。面径 3.1 厘米，座 3.1 厘米，砚高 1 厘米。

图 5-12　敦煌悬泉置石砚（Ⅱ90DXT0509②：2）

另一件石砚底座残缺，仅留圆面上部。面径 2.5 厘米，砚高 0.8 厘米。

图 5-13　敦煌悬泉置石砚（Ⅱ91DXT0311②：2）

从出土实物来看，早期的砚台比较简陋，墨块体积也比较小。因此早期的砚台和现在砚台使用方式就会有差异，应该另配有一块研石。在使用时先在砚台上放入石墨或者墨粒，加上一定量的水，用研石按住磨成墨汁。

第三节　墨

一、墨的起源

墨的起源时间，一直以来没有定论。民间流传有邢夷造墨的故事，周宣王时，有个名叫邢夷的人，很擅长绘画。他在溪边洗手时，偶然触碰到一块松炭，手上留下墨印。由此得到启发，将松炭带回家捣成细灰，并拌上黏稠的米汁制成了墨块，就有了最早的墨。邢夷造墨是流传民间的故事，其真实性有待考证。但从西安半坡遗址出土的陶器上就有用墨绘制的线条图形，因此，墨可能和作为书画工具的毛笔一样，早在五六千年前就已经出现了。

二、文献中记载的墨

东汉《汉官仪》有云："尚书令、仆、丞、郎，月赐喻麋大墨一枚、隃小墨一枚。"[①] 隃麋在今陕西省千阳县，靠近终南山，其山古松甚多，是用来烧制成墨的烟料，极为有名。陶宗仪《南村辍耕录》卷二十九记载："上古无墨，竹挺点漆而书。中古方以古墨汁。或云是延安石液。至魏晋时，始有墨丸，乃漆烟、松煤夹和为之。"[②] 从文献记载来看，汉晋时期的古人已经知道把漆烟、松煤加在一起，并使用胶制成墨丸。《说文解字》中对"墨"的解释为："墨，书墨也。"[③] 那么广义上凡是墨色的书写颜料都可以称为"墨"，但从诸多文献记载来看，应分为早期的天然墨色原料和人工墨，人工墨的出现与人们使用松枝烧火有密切关系。

① [汉]应劭：《汉官仪》，北京：中华书局，1985年，第143页。

② [元]陶宗仪：《南村辍耕录》，北京：文化艺术出版社，1998年，第404页。

③ [汉]许慎：《说文解字》，北京：中华书局，2019年，第289页。

宋应星《天工开物》记载："凡墨，烧烟，凝质而为之。"[1]烧烟是指通过焚烧树木而得到黑色颜料。凝质是指胶类物质，加入胶就可制成成型的墨块。炭黑颜料、胶质和水的结合使用，是墨汁的三个重要构成成分。贾思勰的《齐民要术》也提到"合墨法"，详细记载了韦诞的制墨方法。烟煤加入胶质和水做成的人工墨，可使墨屑凝结成型，并使研磨后的墨汁短时间内不容易沉淀，便于书写使用。[2]

图 5-14 《天工开物》制墨图

除了传世文献中有关于汉墨的记载，西北汉简中也有相关记载。敦煌悬泉置遗址出土的两枚简牍中，就有汉墨的使用及购买记录：

简 1 释文：

□□　　出墨二枚　　□〼

（Ⅰ90DXT0116②：151）

① [明]宋应星：《天工开物》，北京：中华书局，2021年，第44页。

② [北魏]贾思勰：《齐民要术》，北京：中华书局，2022年，第1193-1195页。

此枚汉简1990年出土于敦煌悬泉置，“出”即为物品出入的记录。“枚”则为量词。可以看出，“墨”作为办公用品，在领取时也是要登记入册的。

简2释文：

出钱十买墨廿饼给传舍　　　　二月癸亥司空啬夫王竟市

（Ⅱ90DXT0114③：4）

此枚汉简1990年出土于敦煌悬泉置遗址，记录了啬夫王竟于二月癸亥日用十钱为悬泉置购买20块墨。

从以上两枚汉简可以看出，汉代已经有专门制墨的作坊，并且成为市面常售的物品。同时，作为撰写文书的必需品，在领用时需要做详细的领用记录，购买时要记录购买数量、金额、购置人员等信息。这些细节也反映出汉代各项管理制度，尤其是财务管理制度的完备。

三、出土的“墨”

（一）战国古墨

1975年，湖北云梦睡虎地4号战国秦墓出土了一锭迄今为止最早的人工墨，也是最早的人工松烟墨。这是一块圆柱状的墨，直径1.2厘米，高1.2厘米。

1981—1989年在湖北江陵九店村56号墓出土有战国古墨，部分已粉化，比较完整的一块呈板状，长2.1厘米，宽1.3厘米，厚0.9厘米。

（二）汉代古墨

1. 武威磨嘴子汉代墨丸

甘肃境内出土过多枚丸墨，尤其以武威市磨嘴子汉墓出土的汉代丸墨最有代表性。丸墨高4.5厘米，底径2.8厘米。墨丸略近圆柱体，顶部渐收分为圆弧，底平，一头大，一头小，有磨用过的痕迹。显然在使用时捏着大头，用小头研磨。墨色乌黑透亮。汉墨的基本原料一般采用松烟或桐油烟，故而墨性浓黑光洁。该墨丸是现存时代较早的块状合成墨之一，为汉墨中所罕见，为了解墨的源流发展提供了珍贵的实物资料。现藏甘肃省博物馆。

图 5-15　武威磨嘴子汉代墨丸

2. 西汉南越王墓出土墨丸

1983 年，广州象岗山西汉南越王墓出土了 4000 多粒墨丸。南越王赵昧墓出土的古墨，包括石砚和研墨石等为一组，呈扁平状，实测单粒直径在 0.81 ~ 1.31 厘米，厚 0.23 ~ 0.42 厘米。

据相关考证，汉代制墨业主要集中在陕西扶风、隃麋、延州一带；南北朝时，制墨中心移至河北、山西等部分地区。这些地方松多质佳，更能造出好墨。李白曾有诗云："上党壁松烟，夷废丹砂末。兰麝凝珍墨，精光乃堪掇。"诗中"上党"是指上党郡，是现在山西东南部的古地名。北朝贾思勰在《齐民要术》中"合墨法"条中详细记载了韦诞的制墨方法，由此推断东汉末期制墨技术已经成熟，而其中胶的加入不仅使墨研成墨汁后短期内不易沉淀，更便于在纸上书写，亦是使墨屑得以凝结成块并捏制成型的必要条件。到了唐末五代，大批墨工迁移到南歙县、休宁等地，使这些地区成为新的制墨中心。

第四节　书　刀

在纸张发明以前，简牍作为重要的书写载体，往往面临着出现书写错误需要修改的情况。墨迹书写于简牍之上，用擦拭的方式是难以消除痕迹的。因此，古人在书写过程中出现错误或需要修改时，会利用削刀将简牍上的原字削去，再重新书写，其作用相当于现在我们使用的橡皮擦。在秦汉时期由于官吏需要经常誊录抄写公文，往往随身携带刀和笔以便修改，因此又把底层文官称作“刀笔吏”，书刀也成为古代刀笔吏形象的重要配饰。

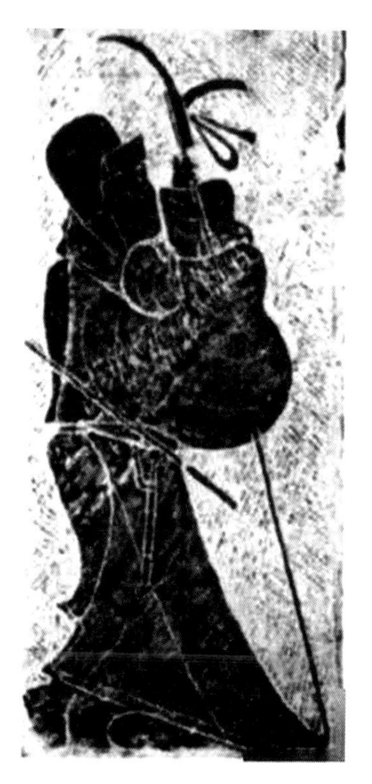

图 5-16　河南方城县东关出土画像石上的持棨戟官吏

一、文献记载中的书刀

《汉书·文翁传》记载：“乃选郡县小史。开敏有才者张叔等十余人，亲自饬厉，遣诣京师，受业博士，或学律令。减省少府用度，买刀布蜀物，赍记吏以遗博士。”① 如淳注云：“金马书刀，今赐计吏是也。作马形，刀环内以金镂之。”② 晋灼注略云：“刀、书刀……旧时蜀郡工

① ［汉］班固撰、［唐］颜师古注：《汉书》，北京：中华书局，2019年，第3625页。

② ［汉］班固撰、［唐］颜师古注：《汉书》，北京：中华书局，2019年，第3626页。

官作金马书刀者以佩刀形，金镂其拊。”[①] 这就是关于金马书刀的记载，所谓“金马”，是指刀身上的错金马形纹饰。

1976 年，在方城县城关公社东关大队发现一座古墓的门楣石。次年 10 月下旬，南阳市博物馆协同方城县文化馆进行了清理发掘。此墓早年被盗掘，随葬器物均成碎片，不能复原，但出土的画像石内容新颖，十分珍贵。其中一件画像石上刻画了一位戴冠着袍腰佩长剑双手持棨戟而立的官吏，棨戟是汉代高级官员出行时用作前导的一种仪仗，官吏手持棨戟，腰佩书刀，其书刀更像是一种配饰，用来象征身份地位。

二、各地出土书刀

1957 年四川省成都市天回山出土了一口装饰错金凤鸟纹和隶书铭文的铁质金马书刀，24 字铭文为“光和七年广汉工官□□□服者尊长保子孙宜侯王□宜□”，图案非常精美，现藏国家博物馆。

辽宁博物馆收藏有东汉永元时期的书刀，柄端有环首，刀刃部有残缺，残长 12.3 厘米，刃宽 1.5 厘米左右。上面文字为“永元十□（年）广汉郡工官卅湅书刀工冯武”。

两柄书刀标记有“广汉工官”“广汉郡工官”，从这些资料来看，金马书刀均为广汉郡工官所造。

1979 年，在敦煌马圈湾出土两件书刀，锻造。图 6-17“刀锈蚀严重，刃部和柄宽度相近，柄尾部有一环”，刀长 22 厘米，刀宽处 1.1 厘米。现藏甘肃简牍博物馆。

图 5-17　敦煌马圈湾汉代烽燧遗址出土削刀

① [汉]班固撰、[唐]颜师古注：《汉书》，北京：中华书局，2019年，第3626页。

图 6-18“刃部较宽，为弧形，直柄稍窄，柄尾部有环，已折断。刃面的个别部位仍可见发亮的金属光泽”，刀长 24 厘米，宽 1.7 厘米。

图 5-18　敦煌马圈湾汉代烽燧遗址出土削刀

敦煌马圈湾遗址出土的两件削刀与天回山出土的金马书刀、辽宁博物馆收藏的东汉永元时期的书刀在外形类似，上部均有刀环，这与画像石上的削刀的形貌一致，可见当时的削刀的基本形制已经形成。

第五节　古人书写之姿

一、画像砖中的持笔书者

1954 年，在山东沂南北寨考古发掘了墓群，由于出土文物均为画像石，因此被称为沂南北寨汉画像石墓。该墓是东汉晚期较高等级的墓葬。全墓从墓门到前室、中室、后室，共有 42 块画像石，分 73 幅。其中有关简册书写者的信息在其前室西壁的横额画像上，被认为是祭祀图。画像右端是一建筑大门，门前一人拥篲、两人持梃；前一官员跽坐，头戴进贤冠，簪笔、腰佩书刀，前有九人跪伏于地，十一人分三列执笏立，身后案上摆放鱼、耳杯等，旁置壶、篋、盒，一官员跽坐于旁，最后有两名仆役。

二、唾笔而书

先秦至汉晋时，曾出现过有人在口中调理毛笔的现象。关于古人喜欢把毛笔放在嘴里的原因有几个可能的解释。（1）保持笔尖湿润：毛笔的笔尖需要保持湿润才能书写流畅，而古代的墨水并不像现代的墨水那样易于流动。将毛笔放在嘴里可以通过口水来保持笔尖的湿润状态，以便更好地书写。（2）节省墨水：古代墨水比较珍贵，人们希望尽量节省使用。将毛笔放在嘴里可以通过口水来代替一部分墨水，减少墨水的使用量。这些只是对古代人喜欢将毛笔放在嘴里的一些可能原因的推测。

马怡在《墨笔、含毫及其它——古代笔墨书写杂考》[①] 一文对古人唾笔而书做了详细的介绍。笔和墨是书写者书写必不可或缺的条件。不

① 马怡：《墨笔、含毫及其它——古代笔墨书写杂考》，《简帛研究》，2012年春夏卷。

过，仅有笔和墨还不能满足书写的条件。因为时间稍久，沾了墨的笔尖会变得又干又硬，难以使用。因此，在书写之前，还需用水来洗笔、润墨、整理笔毫。如果是短时间的书写，所需水量不多，水器和砚台又不便随身携带，古人便用唾液代水，将笔放到口中舔毫调墨。因此，马怡认为古人将笔放在口中是为了用唾液润湿笔尖，进而调理笔毫。如《庄子·田子方》中也有关于古人舔毫调墨的记载："宋元君将画图，众史皆至，受揖而立；舐笔和墨，在外者半。"对古人以唾液代水，舔毫调墨的原因做了推断，即对于不便携带墨汁且书写篇幅较小的情况下，可唾笔而书。

三、从握卷书写到伏纸书写

书写载体的演变，促成了古人的书写方式的改变。关于古人的书写姿势，马怡在《从"握卷写"到"伏纸写"——图像所见中国古人的书写姿势及其变迁》一文中认为："中国古人的书写姿势，经历过一个从"握卷写"到"伏纸写"的转换过程。所谓"握卷写"，是指不使用书写承具，而以一手握持书写材品，另一手悬空而写的姿势。书写材品包括简册之卷、帛卷、纸卷以及牍板、简支等，因"卷"在其中占据主导的地位，故如此称之。所谓"伏纸写"，是指将纸铺放到案或桌上，伏在纸面而写的姿势。这两种书写姿势一早一晚，转换是逐步进行的，经历了漫长的时段。"①

在简牍使用盛行的时期，应该是采用手持简牍书写的方式，也就是握卷书写。这种书写方式，对书写工具的要求更侧重于实用和便捷。前文中提到的刀笔吏，其书写工具亦是随身携带。在江苏徐州贾汪区汴塘镇和山东长清孝堂山石祠等地出土的东汉画像砖上，都有古人手持简册、握笔书写的形象。书写者或立或坐，坐姿皆为跪坐，书写姿势都一致。

① 马怡先生论述，2024年3月19日发表于简帛网，网址：http：//www.bsm.org.cn/?qt/6178．html。

这种书写姿势，应该就是在简牍普及时代最常见的书写姿势。但在纸张出现并开始作为主要书写载体后，古人的这种书写方式也就发生了相应的改变。纸张成为书写载体后，更适合伏案书写，特别是在单张纸张上书写大量文字或做细致描绘时。

在汉代以后出现的一些图像，仍有手持简牍书写（应为简纸并用时期），或将纸张反卷书写。这种纸张反卷进行书写，还是源于简牍时代的握卷书写。“中国最早的书籍是写在简册上的。简册是以狭长的简支为材，将其纵直排列，用绳子编连而成。中国古人席地跪坐的习俗，家具的低矮，硬质的书写材料，导致了肘、腕悬空的“握卷写”。其具体做法是，以左手握持向后反卷的简册之册卷，右手执毛笔而书；字序为纵写、左行。图像数据表明，在纸时代早期，纸卷的卷法与上述简册之卷的卷法是一致的。除了坐姿的改动外，书写方式的变化不大。”①

那么，古代的简册的编连形制是怎样的，为何古人留下的手持简册的书写影像与后期手持纸张反卷的书写形式相似？

从西北边塞地区出土的简册可以看出，简牍的编连方式应该有两种，一为先写后编，即先在单枚简牍上进行书写，再用细麻绳编连成册。如图 5-19：

1990 年出土于敦煌悬泉置遗址的木质简牍 7 枚，均长 23.5 厘米，前 4 简宽 1 厘米，后 3 牍宽 1.7 厘米。前简后牍，简牍混编，两道细麻绳编联，册书形制保存完整。内容是康居等国使者来汉朝贡，所献骆驼被酒泉太守评估不实而上诉朝廷，而朝廷则由使主客谏大夫下文敦煌太守、敦煌太守又下文效谷县、效谷县下文悬泉置，要求将当时情况如实上报。现藏甘肃简牍博物馆。

---

① 马怡先生论述，2024年3月19日发表于简帛网，网址：http：//www.bsm.org.cn/?qt/6178．html。

图 5-19 永光五年康居王使者自言献驼直不如实册

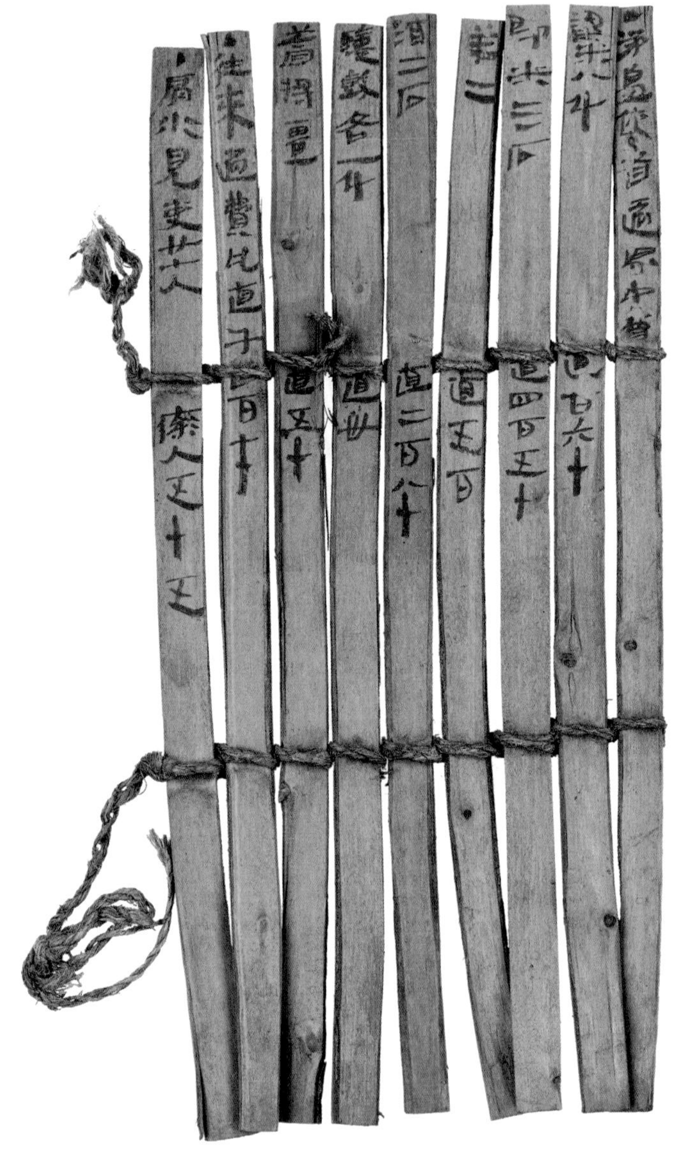

图 5-20　新莽劳边使者过界中费册

1973 年出土于肩水金关遗址的简册，全册 9 简，编绳两道，完好无缺。每简长 23 厘米，宽 1 厘米。内容是朝廷派使者慰问边地吏卒途经肩水金关时的费用记录。全文 276 字。现藏甘肃简牍博物馆。

上面两个简册即为先写后编的简册，这类简册在编连的麻绳下有书写的文字，压痕明显。还有一类为先编后写的简册，这类简册往往为了避开编连的麻绳，在编连处会有留白，如下图：

图 5-21　侯粟君所责寇恩册
（其中先编后写的部分简牍）

图 5-22　侯粟君所责寇恩册
（其中先写后编的部分简牍）

侯粟君所责寇恩事，是东汉建武初年，甲渠候官粟君和客民寇恩之间发生的一宗经济纠纷案的案卷材料，1974 年出土于甲渠候官遗址，共有 36 枚。出土时编连的麻绳已脱落不存。在 36 枚简牍里，其中 13 枚有明显的先编后写的留白痕迹。另有 20 枚文字自上而下没有留白，应属于先写后编的简牍类型，因此这组简牍采用了两种不同的书写及编连方式。但因麻绳脱落，不能完全断定最初是否编连成一卷，若为一卷，则有留白部分的简牍采用先编后写的方式，满字书写的简牍则为先写后编。

古人握卷写应是先编后写的简册书写方式，这与后来古人手握反卷纸张书写就有相同之处。也就是说，在纸张作为书写载体后，仍然沿用简牍的书写及编连方式，包括文字书写从上到下、从右及左的顺序。

图片来源

第一章　书写的历史

图 1-1　“中央研究院”历史语言研究所简牍整理小组:《居延汉简》(叁),博创印艺文化事业有限公司,2017 年,第 263 页

第二章　西北地区出土古纸概述及造纸工艺

图 2-1　敦煌市博物馆提供

图 2-2　兰州市博物馆提供

图 2-3　邓天珍, 史少华, 白云星,等:《玉门花海毕家滩棺板〈晋律注〉的保护修复研究》,《文物保护与考古科学》,2019 年第 3 期,第 44-51 页

图 2-4　甘肃简牍博物馆提供

图 2-5　甘肃简牍博物馆提供

图 2-6　甘肃简牍博物馆提供

图 2-7　[明]宋应星著:《天工开物》(卷中)明崇祯十年自刻本,第 74-76 页

图 2-8　[明]宋应星著:《天工开物》(卷中)明崇祯十年自刻本,第 74-76 页

图 2-9　[明]宋应星著:《天工开物》(卷中)明崇祯十年自刻本,第 74-76 页

图 2-10　[明]宋应星著:《天工开物》(卷中)明崇祯十年自刻本,第 74-76 页

图 2-11　[明] 宋应星著：《天工开物》（卷中）明崇祯十年自刻本，第 74-76 页

图 2-12　甘肃简牍博物馆提供

图 2-13　甘肃简牍博物馆提供

图 2-14　甘肃简牍博物馆提供

图 2-15　甘肃简牍博物馆提供

图 2-16　甘肃简牍博物馆提供

图 2-17　甘肃简牍博物馆提供

图 2-18　甘肃简牍博物馆提供

图 2-19　甘肃简牍博物馆提供

图 2-20　甘肃简牍博物馆提供

图 2-21　甘肃简牍博物馆提供

图 2-22　甘肃简牍博物馆提供

图 2-23　甘肃简牍博物馆提供

图 2-24　甘肃简牍博物馆提供

图 2-25　甘肃简牍博物馆提供

图 2-26　甘肃简牍博物馆提供

图 2-27　甘肃简牍博物馆提供

图 2-28　甘肃简牍博物馆提供

图 2-29　甘肃简牍博物馆提供

图 2-30　甘肃简牍博物馆提供

图 2-31　甘肃简牍博物馆提供

图 2-32　甘肃简牍博物馆提供

图 2-33　甘肃简牍博物馆提供

图 2-34　甘肃简牍博物馆提供

图 2-35　甘肃简牍博物馆提供

图 2-36　甘肃简牍博物馆提供

图 2-37　甘肃简牍博物馆提供

图 2-38　甘肃简牍博物馆提供

第四章　帛　书

图 4-1　甘肃简牍博物馆提供

图 4-2　“中央研究院”历史语言研究所简牍整理小组:《居延汉简》(肆),博创印艺文化事业有限公司，2017 年，第 294 页

图 4-3　“中央研究院”历史语言研究所简牍整理小组:《居延汉简》(肆),博创印艺文化事业有限公司，2017 年，第 294 页。

图 4-4　甘肃简牍博物馆提供

图 4-5　甘肃简牍博物馆提供

图 4-6　甘肃简牍博物馆提供

第五章　书写工具

图 5-1　甘肃省博物馆提供

图 5-2　甘肃简牍博物馆提供

图 5-3　甘肃简牍博物馆提供

图 5-4　甘肃简牍博物馆提供

图 5-5　甘肃简牍博物馆提供

图 5-6　甘肃简牍博物馆提供

图 5-7　甘肃简牍博物馆提供

图 5-8　甘肃简牍博物馆提供

图 5-9　甘肃简牍博物馆提供

图 5-10　甘肃简牍博物馆提供

图 5-11　甘肃简牍博物馆提供

图 5-12　甘肃简牍博物馆提供

图 5-13　甘肃简牍博物馆提供

图 5-14　[明]宋应星著：《天工开物》（下卷）明崇祯十年自刻本，第45页

图 5-15　甘肃省博物馆提供

图 5-16　黄剑华：《汉代画像中的门吏与持械人物探讨》，《中原文物》2012年第1期，第56-66页

图 5-17　甘肃简牍博物馆提供

图 5-18　甘肃简牍博物馆提供

图 5-19　甘肃简牍博物馆提供

图 5-20　甘肃简牍博物馆提供

图 5-21　甘肃简牍博物馆提供

图 5-22　甘肃简牍博物馆提供

后记

本书为“简”述中国丛书之一，其内容为西北地区出土汉晋古纸研究，以及由此引申的古代书写文化。其中书稿展示文物图片多为甘肃简牍博物馆馆藏。主要作者和参与人员为甘肃简牍博物馆的诸位同事，其中甘肃简牍博物馆徐睿副馆长负责本书第二、三章等部分章节内容的撰写工作，并对本书结构框架做了详细的指导，确保了本书结构的连贯性和内容的深度；甘肃简牍博物馆副研究馆员常燕娜承担了本书第一、二、四、五章等部分章节 12 余万字的撰写工作；甘肃简牍博物馆肖从礼研究员对本书的研究方向做了细致的指导；甘肃简牍博物馆助理馆员曹小娟、王嘉琪负责整个书稿的前期整理和编辑工作；甘肃简牍博物馆助理馆员程卓宁承担了本书稿 17 张馆藏文物的拍摄工作。

感谢甘肃省博物馆、甘肃省文物考古研究所、兰州市博物馆、敦煌博物馆等单位的大力支持，为本书提供了重要的文物图片。

西南交通大学出版社黄庆斌主任对本书的出版提出了不少建设性意见，李欣编辑全程参与本书的选题、编校工作，付出尤多。值本书出版之际，对关心支持和帮助本书顺利出版的诸位一并致以诚挚的谢意。

整理研究部肖从礼记